CONSIDÉRATIONS GÉNÉRALES,

COMPARATIVES ET RAISONNÉES,

SUR LES

BASES FONDAMENTALES

DE

L'ART SÉRICICOLE,

Par M. Amable PEYDIÈRE, d'Ardes, département du Puy-de-Dôme,

Ancien Concessionnaire de mines, et Membre correspondant de la Société séricicole de Paris, et de la Société d'agriculture de Clermont-Ferrand.

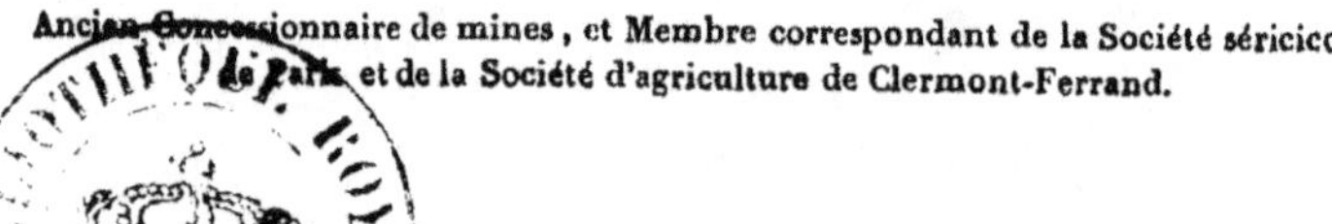

Prix, broché. . . . . 3 fr. 50 c.
Franco, par la poste. . . . . 4 fr. 10 c.

CLERMONT-FERRAND,

IMPRIMERIE DE THIBAUD-LANDRIOT FRÈRES,
Imprimeurs-Libraires, rue St-Genès, 10.

1847.

CONSIDÉRATIONS GÉNÉRALES,

COMPARATIVES ET RAISONNÉES,

SUR LES

BASES FONDAMENTALES DE L'ART SÉRICICOLE.

AVANT-PROPOS.

Un livre, long ou court, gros ou petit, n'est jamais tout
à fait à dédaigner, n'est jamais complétement inutile, si
mauvais qu'il paraisse ou qu'il soit réellement; car il est
rare qu'il ne s'y rencontre pas, çà ou là, de bonnes
maximes ou des commencements de bonnes maximes, des
aperçus de pensées qui se développant bientôt insensiblement, et grandissant à mesure et par progression dans l'esprit d'autrui, donnent souvent naissance à d'excellentes
idées, créant elles-mêmes à leur tour des systèmes avantageux, auxquels pourtant n'avaient pas encore pris garde
l'art et la science avec toutes leurs ressources, leurs combinaisons, leurs calculs, et auxquels même on n'aurait peut-
être jamais songé, si quelque observateur inhabile n'en avait
déposé les premiers éléments dans un très-méchant livre.

Celui-ci sera très-court, parce que d'abord ce n'est ni la
longueur ni la grosseur d'un livre qui en font uniquement
le mérite, parce qu'il existe ensuite, sur la matière que
j'ai le projet de traiter, des ouvrages si bien faits, si bons,
si bien écrits, si fort au-dessus de tout ce que je puis dire,
qu'il vaudrait beaucoup mieux, peut-être, que je fusse encore plus laconique, ou que je ne disse même rien du tout,
et parce qu'enfin j'ai cherché, autant que possible, à épargner de l'ennui à mes bienveillants lecteurs, s'il s'en trouve
toutefois d'assez complaisants pour achever de parcourir en
entier ce petit opuscule.

Je crois néanmoins que les éducateurs de vers à soie ne
feront pas mal de le lire, et je les y engage même instam-

ment dans leurs intérêts ; car il me semble qu'ils finiront par y trouver quelque part, je ne sais précisément à laquelle ou auxquelles de ses pages, quelque chose d'utile ou le pouvant devenir, en passant successivement de filière en filière ; car tout se perfectionne ici-bas, car il y a toujours du vrai, du positif dans la pensée du malheureux que tout porte à la méditation, auquel tout inspire le penchant de l'observation, le besoin du recueillement.

En effet, trouvant peu de sympathie dans le commerce de ses semblables qui le rebutent et le méprisent après l'avoir peut-être trompé, il se jette en dernière analyse et en désespéré, dans le sein paisible de l'accueillante et gracieuse nature ; s'y abandonne complétement parce qu'il n'en reçoit que des bienfaits, s'y attache à ne pouvoir s'en détacher, la contemple avec reconnaissance, l'observe avec attention, l'épie en silence, et finit quelquefois, à force d'observer et d'épier çà et là, par surprendre à l'improviste, dans ses mystères et dans ses œuvres, ce quelque chose d'utile que je promettais tout à l'heure, ce quelque chose d'indéfinissable quoique très-sensible, très-apparent, ce quelque chose de particulier, d'individuel, partant souvent d'une faible intelligence, la traversant infime, et naissant comme un point vague au milieu de l'immense horizon, pour arriver parfois tout rayonnant de gloire et d'effets sublimes au vaste domaine de la communauté qui l'exploite à son profit ; lorsque, toutefois, le bas intrigant, incapable d'inventer, inaccessible à de bonnes idées et toujours aux aguets, à l'affût de celles des autres, ne s'en empare pas indignement à son passage, et ne s'en fait pas, pour un certain temps, sa propriété privée par un brevet d'invention qu'il a su dérober avec adresse au désintéressement, à la confiance, et qu'il a, pour son compte, osé prendre sans pudeur et sans honte.

Ainsi donc, ô mes chers lecteurs! ne vous prononcez pas, je vous prie, sur l'importance ou l'insignifiance de cet écrit sans l'avoir lu complétement; ce qui ne sera ni long, ni bien pénible, ni bien onéreux pour vous; puisque quelques heures arrachées à vos loisirs, à vos occupations ordinaires, seront plus que suffisantes.

Ne vous rebutez pas de n'y rien voir de nouveau, de grand, de beau, de grandiose, de sublime, si vous y découvrez en revanche, dans son ensemble, l'ombre et la modeste espérance d'un tout petit mieux.

Ne le vouez pas au mépris et n'en faites pas un objet de dédain, si, dépourvu de mots sonores, de phrases et de périphrases pompeuses ou élégamment tournées, il vous fait connaître clairement, par un style dur, bref et simple, le naturel de mon sujet.

Enfin, ne vous lassez pas si vite de lui, et de dépit et de dégoût ne le rejetez pas loin de vous, parce qu'il paraîtrait vous sortir ou vous sortirait en effet souvent et trop souvent de cet intéressant sujet; si vous trouvez, du reste, qu'il vous y conduit ou vous y ramène toujours naturellement et sans efforts, et si d'ailleurs vous faites attention que son titre en lui-même comporte et suppose des transitions, des réflexions générales et de fréquentes comparaisons, à l'effet de prouver par elles ou par des faits et des rapprochements de faits, les assertions peu goûtées que j'avance, et dont quelques-unes m'avaient, à leur issue purement confidentielle, attiré, de la part d'un membre éminent de l'honorable société séricicole de Paris, une critique sévère, méritée peut-être, et malheureusement suivie d'une polémique qui, quoique trop vive sans doute de mon côté, ne paraît cependant pas avoir infiniment déplu à cette intéressante société, puisqu'elle m'a fait l'honneur insigne de m'admettre dans son sein comme membre correspondant.

Je lui en témoigne ici de nouveau toute ma gratitude, et j'avoue même que je suis d'autant plus sensible à cette grande faveur, qu'elle est inopinément partie d'une réunion, d'un groupe de savants qui devaient bien plutôt au contraire m'en priver à tout jamais, attendu que mes opinions, révélées avec la confiance de l'expérience, et débattues, discutées adroitement par le rapporteur habile qu'ils avaient choisi à cet effet, tendaient à renverser de fond en comble les leurs solidement assises sur des bases séculaires.

C'est là un de ces beaux traits qui n'appartiennent qu'à l'élite des hommes ; c'est là un de ces précieux bienfaits qui répandent plus d'éclat, plus de lustre sur ceux qui les distribuent que sur ceux qui les reçoivent ; c'est enfin là un procédé que je sais apprécier à sa juste valeur, et que je n'oublierai jamais venant d'aussi bonne part.

Malheureusement, à cette satisfaction personnelle, il vient se joindre le pénible sentiment de ne pouvoir offrir en échange que du zèle, de l'activité, de la persévérance, du soin dans les essais, et puis une confiance aveugle dans les œuvres de la nature qui m'a dicté mot à mot ce Traité que j'ai cru devoir diviser en trois chapitres, quoique son étendue ne le comportât peut-être pas.

Dans le premier, j'ai cherché d'abord à fixer l'attention

du lecteur sur les indécisions, sur les variations continuelles de l'intelligence et sur l'infaillibilité de l'instinct, pour apprendre à l'homme à se méfier un peu plus de lui-même et de ses lumières, à s'en rapporter davantage à ce qui fut créé, à ce qui s'est maintenu, à ce qui se maintiendra indéfiniment immuable. Ensuite, prenant en particulier les vers à soie, je les trouve naturellement éclos, je les vois grandir avec la feuille qui les alimente, et s'effacer enfin complétement sous un tissu admirablement tramé par eux. Là s'opère en silence cette inexplicable métamorphose qui les change totalement de nature ; et bientôt, tout différents d'eux-mêmes ou de ce qu'ils étaient, ils reparaissent comme le jour, s'accouplent de suite sous l'influence active de sa lumière vivifiante, et se désaccouplent à leur gré, à l'exception toutefois de ceux qui en sont empêchés par quelques causes accidentelles ou maladives, à l'exception aussi de ceux peut-être qui, trop fatigués déjà par tous les efforts qu'ils ont été obligés de faire pour effectuer leur sortie de leur cocon, ne peuvent plus alors supporter d'autres fatigues, et périssent au milieu de celles de leur accouplement : c'est du moins une conjecture qui a toutes les apparences de la probabilité, et d'elle en conséquence dérive l'idée naturelle de les alléger dans cette opération si pénible, en effet, qu'elle ne peut manquer de porter un très-grand préjudice à la qualité de la graine dont elle précède l'importante confection.

Dans le second chapitre, je combats les procédés dont on se sert pour la conservation de cette graine ; j'indique, je mentionne ceux que je mets actuellement en pratique à cet égard, et je reproduis à l'appui de mes assertions, quelques faits particuliers et des considérations générales qui me paraissent assez concluants, assez plausibles, tant les uns que les autres, pour inspirer de la confiance ; j'y parle aussi de l'éclosion et de ses suites, que j'accompagne d'observations peut-être utiles parce qu'elles sont peut-être vraies.

Enfin, dans le troisième chapitre, je m'entretiens de l'humidité proportionnelle, de la feuille mouillée et de son utilité dans certaines occasions, de l'eau et de ses propriétés, des sudations et de leurs bienfaits quand elles sont accompagnées de lotions ou bains, ou autres préparations rafraîchissantes ; je fais entrevoir ensuite les inconvénients qui peuvent résulter de la feuille cueillie quelques temps à l'avance et distribuée trop fréquemment ou trop rarement, ainsi que ceux de la feuille coupée menue. Je donne quelques explications, quelques détails, sur l'avantage et les moyens de conduire de l'air-frais et humide au milieu des rayons où le méphitisme est en effet le plus prononcé, le plus nuisible ; je dis quelques mots en passant, du chlorure de chaux employé comme motif d'assainissement ; j'effleure légèrement, j'ébauche la muscardine, qui n'est pas du tout ce qu'on en pense généralement ; je propose un encabanage que je crois décidément favorable, et je finis en recommandant aux éducateurs le renouvellement fréquent de l'espèce qu'ils ont adoptée de préférence.

CONSIDÉRATIONS GÉNÉRALES,

COMPARATIVES ET RAISONNÉES,

SUR LES

BASES FONDAMENTALES

DE

L'ART SÉRICICOLE.

CHAPITRE PREMIER.

Je le confesse de bonne foi, ç'est une bien grande témérité de ma part que d'oser lancer encore dans le monde une notice sur le ver à soie, quoique j'en aie étudié d'avance l'intéressante et mystérieuse économie avec toute l'attention, toute l'exactitude possible, afin de ne pas jeter sur une voie vicieuse quiconque serait tenté de la suivre par pure confiance ou par goût de la nouveauté ; car s'il est certains hommes qu'on ne peut arracher aux lois tyranniques de l'habitude devenue pour eux une seconde nature, et à laquelle ils se sont obstinément cramponnés, sans se douter que cette branche de salut, ou qu'ils considèrent comme telle, pourrait bien n'être que la racine de miséricorde de ce malheureux qui se débat au milieu des flots où le tient englouti l'anneau fatal qu'il a rivé de sa propre main, il en est certains autres qui se laissent trop facilement influencer par l'attrait des innovations toujours séduisantes, quoique souvent illusoires et décevantes.

Ne fût-ce donc que pour ceux-ci, ne fût-ce que pour apprendre aux autres que la sympathie des réformes ne marche pas constamment avec l'exagération, et n'entraîne pas sans cesse à sa suite des défections ou des mécomptes, je serai sobre de réflexions hasardées, et tâcherai de me renfermer, autant que possible, dans les coutumes du ver à soie, seul moyen, je pense, qui nous présente des chances de succès, des garanties positives, là où nous trouvons parfois des revers, faute de savoir nous conformer aux règles particulières qui dominent son instinct, faute de savoir nous identifier avec lui, faute d'observation, sinon faute d'étude, car la science séricicole est peut-être celle qui a été la plus cultivée, la plus étudiée, celle où le génie de l'homme s'est le plus exercé, s'est le plus évertué, et cependant elle est peut-être celle où il y a le plus à dire, le plus à faire, celle qui laisse le plus à désirer, parce qu'elle est sans doute celle qui recèle, qui cache le plus de mystères, le plus de difficultés, toute naturelle et facile qu'elle paraisse au premier aperçu.

Rien ne semble, en effet, si aisé que d'élever des vers à soie quand on ne s'est jamais sérieusement occupé soi-même de cet art très-simple en apparence, et il n'est en conséquence personne qui ne s'en croie d'abord fort capable ; rien n'est pourtant plus difficile, rien n'exige plus de perspicacité, plus de savoir, de pratique, de tact, plus d'attention, plus de soins, et il n'est en conséquence aussi personne, quelque habileté qu'on lui suppose, qui puisse se flatter de n'avoir jamais commis de fautes. Il faut y avoir réellement passé pour concevoir tout l'embarras que l'on éprouve à chaque instant, pour comprendre les troubles, les indécisions qui s'emparent de nous au moindre changement, au plus petit événement qui survient, pour juger des anxiétés, des tourments qui nous assiègent jusqu'à la fin des éducations, et pour apprécier les incidents fâcheux qui naissent spontanément sous nos doigts, sous nos yeux, sans pouvoir les conjurer ; enfin , à l'exemple de la docte médecine , cette autre science toute conjecturale aussi , faute également d'avoir été convenablement envisagée, observée, l'art séricicole est un vrai dédale où l'esprit s'égare parfois, et qui confond souvent notre intelligence en même temps qu'il déconcerte fréquemment aussi tous nos calculs, toutes nos prévisions.

Nous avons bien, il est vrai, entrevu quelques détails, mais l'ensemble échappe à notre sagacité par le mystère, et nous ne voyons dans ses résultats rien d'uniforme, quoique nous l'ayons, parce que nous l'avons peut-être assujetti à des principes invariables. C'est un vaste champ légèrement effleuré, un champ presque neuf, sur lequel nous ne faisons encore que glaner, mais qui nous promet d'abondantes moissons le jour où, plus modestes et moins confiants en nous-mêmes, nous irons puiser nos doctrines dans le spectacle de la nature, et nos méthodes dans l'instinct de notre précieux insecte.

Le succès, n'en doutons pas, est là tout entier, et le sujet aussi de ce petit opuscule , bien au-dessus de nos forces incapables, je ne le sais que trop, de retracer dignement les scènes phénoménales de l'universalité des choses créées, ces scènes silencieuses paisiblement, admirablement exécutées au milieu du tumulte , du trouble, du déréglement des hommes.

Cependant, quelque peu enhardi, encouragé par l'espoir qu'en faveur de l'intention on fera grâce à l'insuffisance, je me hasarde sans peine , mais non sans crainte , à les reproduire comme je le pense , comme je les comprends, comme il fallait peut-être les envisager d'abord ; heureux et complétement satisfait, si pouvant, à l'aide ou par l'appât d'un tout petit brin de curiosité, bien pardonnable en pareille circonstance et en considération de la cause, conduire la patience, l'indulgence de mes lecteurs au bout de mon médiocre travail, je parvenais à les mettre sur une voie qui fût réellement celle de la vérité , ou qui en approchât du moins beaucoup !

Inexprimable satisfaction pour une âme longtemps froissée, mais jamais abattue ; et vous aussi, flatteuse espérance, qui avez su nous inspirer de beaux , de louables sentiments sans doute, mais par trop téméraires pour être si peu conformes à la faible étendue de nos moyens, viendrez-vous jeter quelques fleurs passagères sur nos pas timides et chancelants? Oh ! probablement non , car que peuvent le zèle et le dévouement quand ils marchent à peu près seuls !

Toutefois essayons de ce charme indicible que l'on goûte dans les bras coquets de cette belle prodiguant au son de trompe ses douces, ses précieuses faveurs à ceux qu'elle chérit ou qu'elle protége de son crédit, se prostituant même quelquefois pour eux, et tournant dédaigneusement le dos à ceux qui n'ont pas eu le talent ou le bonheur de lui plaire ; ô brillante renommée ! vous avez sans doute trop d'éclat pour nous qui ne sommes malheureusement pas né pour être de vos amis, pour être de ceux que vous honorez de vos bonnes grâces ! Contentons-nous alors d'une joie plus modeste, et dont le motif n'est pourtant pas sans attraits pour tous, tout dénué qu'il soit de gloire et de profit ; mais comme il peut faire entrevoir, jusque dans sa nudité même, quelques maximes utiles, il devient tout à fait puissant, impératif, et nous entraîne, comme malgré nous, sous le feu redoublé de l'impitoyable critique.

Eh bien ! soit, subissons-en de bonne grâce toutes les conséquences, tous les désagréments; l'espérance, le désir d'arriver à la réalité des choses dans un but de prospérité générale, répondront tacitement pour nous à ses piquantes attaques, et la pensée, le plaisir de l'avoir tenté nous consoleront de son amertume.

L'esprit est, dit-on, le partage de l'homme, comme l'instinct est celui des animaux ; c'est ainsi du moins qu'on appelle ce qui fait agir les premiers, ce qui guide les seconds;

nous en acceptons tout à fait l'étymologie, du reste fort insignifiante, et nous en respectons le sens tel qu'il nous a été défini, tel qu'il est peut-être en effet.

L'esprit, dit l'homme tout fier du lot qui lui est échu dans ce partage souverain, est supérieur à l'instinct, et doit par conséquent le dominer, le maîtriser, le façonner à sa guise. Le principe peut bien être vrai ; mais la conséquence en est évidemment fausse ou se trouve en défaut, ainsi que l'animal nous le démontre clairement lui-même dans son état de nature, et qui plus est dans son état de domesticité.

Si nous examinons en effet attentivement tout ce qu'il fait dans son état de nature depuis sa naissance jusqu'à sa mort, toutes les précautions qu'il prend, toutes les ruses qu'il emploie, toutes les peines qu'il se donne, tous les soins dont il s'entoure pour vivre, se conserver et se régénérer, nous sommes vraiment émerveillés, stupéfaits de la régularité, de l'harmonie de ses opérations, de ses manœuvres, et il faut nous incliner par force devant un Créateur suprême, l'admirer et nous taire ; il faut spontanément avouer avec tout l'épanchement, toute l'effusion de l'extase, de la bonne foi, que l'instinct est un bon guide, et qu'il n'a que faire de l'esprit de l'homme.

Si nous faisons également une sérieuse attention à ce que devient l'animal régi par nous contrairement aux règles qui le gouvernent si bien, et que nous puissions être intérieurement, foncièrement francs et sincères en le voyant si chétif, si différent de ce qu'il eût été, libre, exempt de nos lois, de nos coutumes, que devons-nous penser et de nous-mêmes et de notre supériorité si patente, de nos connaissances acquises péniblement et lentement, de notre perfectibilité achevée, de tout ce qui donne enfin à l'homme l'apparence d'un être éclairé, d'un maître absolu par qui et pour qui, voudrait-on dire, que tout semblerait avoir été fait ? Oh ! rien de bien avantageux, je présume, ou je me trompe fort !

Certes, je le sais, je le vois, je le sens, je l'éprouve par le cri de ma conscience, et nous avons tous besoin de le croire pour notre satisfaction personnelle, pour notre gouverne de tous les moments, il existe en nous-mêmes matière à nous glorifier de notre position dans ce bas monde par l'espérance d'un meilleur avenir ou d'une autre vie.

Oh! là, par exemple, le privilége est manifeste, se fait particulièrement ressentir, et nous pouvons en être fiers sans craindre d'être taxés d'orgueil et d'amour-propre.

Je ne dis pas pour cela que, sous autres rapports, nous n'avons pas également un avantage remarquable sur les animaux; j'en admets la réalité, si l'on veut, et ne conteste rien; j'apprécie seulement, j'examine, je compare et cherche à me rendre compte, s'il est possible.

Dans l'esprit, je distingue du choix, de la volonté, du discernement, de la détermination, du jugement, de la pénétration, du raisonnement; mais, à côté de ces brillantes qualités, sur lesquelles nous fondons la suprématie que nous exerçons sur la terre, je découvre à regret, outre l'excessive exagération, la triste et fatale monomanie, l'impétueuse folie, des bizarreries de tout genre et des faiblesses honteuses menant directement à la dégradation, à l'abrutissement, à la nullité.

Dans l'instinct, il n'y a pas de vices, pas de bassesses, pas de monomanie; il y a peut-être plus, peut-être moins, peut-être même rien de tout ce qui constitue le bon côté de l'esprit de l'homme; néanmoins ce qu'on y rencontre est admirable, et a de quoi nous surprendre et nous confondre; c'est un mélange inouï d'actions et de faits remarquables par les effets qu'ils produisent, et par la précision avec laquelle ils sont exécutés sur tous les points par l'animal.

Sans emphase, sans bruit, sans ostentation, il perce, brille, se montre, se manifeste, éclate par le poli, le fini d'un travail inimitable, résultat de l'instinct; il a également, ses joies, ses peines, ses ressources, ses sensations plus ou moins expressives, il est vrai, plus ou moins caractérisées, plus ou moins évidentes, mais qui n'en sont pas moins réelles.

Que manque-t-il donc matériellement à l'animal pour être classé si loin de l'homme? Oh! rien autre chose, ce me semble, physiquement parlant, que la faculté de pouvoir faire mieux, de pouvoir faire plus mal, de pouvoir faire autrement qu'il ne fait. Est-ce bien tant pis pour lui? Est-ce bien aussi tant mieux pour l'homme qu'il soit capable de penser, de concevoir, d'exécuter selon ses caprices ce qu'il a pensé, ce qu'il a conçu, et qu'il naisse avec le principe de la science, le germe de la capacité, mais avec le cachet de l'ignorance et l'empreinte de l'incapacité? Est-ce bien encore tant mieux pour lui qu'il vive et vieillisse au milieu de ces agitations terribles, cruelles, tyranniques qui lui viennent de son désir insatiable, de son besoin impératif de toujours apprendre aux dépens de son repos, au prix de sa santé? Est-ce bien enfin tant mieux pour lui qu'il puisse acquérir progressivement des notions par le travail et l'étude, qu'il sache ce qu'il est véritablement, qu'il se doute de ce qu'il sera bientôt, et qu'il meure après tout, pouvant être indigné de l'injustice de ses semblables, effrayé de la justice de Dieu, dévoré de remords, et de ces regrets cuisants que lui donne la connaissance du passé, celle de soi-même, et l'approche du moment fatal rendu plus pénible, plus affreux par l'idée horrible, accablante que sa dernière heure est souvent attendue comme un bienfait du ciel, ou peut devenir funeste, préjudiciable à ce qu'il a de plus cher au monde, à ce qu'il faut qu'il y laisse sans rémission, et le désespoir dans l'âme d'être arraché aux biens, aux objets, aux trésors qu'il avait conquis, par ruse, par adresse, souvent par hasard, ou par le génie secondé quelquefois de la perversité?

Ici la pensée manque, la parole échappe, la réponse expire, la raison se glace, le mystère est immense et l'esprit s'y confond..... Reprenons cependant.

L'homme ne vivrait pas du tout matériellement, ou resterait spirituellement toujours ce qu'il était en naissant, c'est-à-dire absolument nul, si, d'un côté, la tendre affection d'une mère attentive poussant ses soins jusqu'à ceux de l'instinct, ne veillait sans cesse et longtemps sur sa vie naissante, éphémère et qui n'a qu'un souffle; ou si, d'autre part, rien n'était là pour développer le principe de la capacité, si rien ne venait féconder en lui le germe de la science.

Que devient alors sa supériorité sur l'animal qui n'a besoin, lui, que de naître pour pouvoir, pour savoir sans essai, sans apprentissage, sans leçon, sans modèle, sans guide, souvent sans les soins de ses auteurs, remplir parfaitement bien toutes les fonctions, toutes les conditions de son existence? Que lui sert l'enivrante sensualité de ses plaisirs mondains mis en face des regrets et repentirs qui en sont la suite inévitable? Que devient le souvenir ravissant, que devient tout l'agrément des félicités que lui procurent les lumières de la raison? que devient enfin tout l'avantage de ses jouissances morales en présence de tant de tribulations, de tant d'angoisses qui l'assiégent au lit de la mort, après avoir semé toutes leurs amertumes sur le passage nébuleux de sa carrière orageuse?

Fictive, l'image en afflige la pensée; descriptive, elle fatigue l'esprit; figurative ou représentative, elle effraie la raison; l'œil contristé s'en détourne précipitamment, et tombe, en fuyant un tableau si sombre, sur un spectacle qui l'attendrit, le rassure, le récrée, le réjouit par un mélange inouï de scènes naturelles, variées, intéressantes et tenant du prodige.

Là ce sont des abeilles établies en monarchie régulière et travaillant avec ardeur, avec un ordre incompréhensible, sous la conduite d'une reine qu'elles chérissent et vénèrent d'une manière toute particulière : sort-elle en effet de sa cellule royale pour aller visiter son royaume et s'assurer si tout y marche convenablement, elles se rangent en ligne sur son passage, la baisent, la lèchent, la caressent respectueusement, et lui présentent avec leur trompe le fruit exquis de leur travail infatigable? Vient-elle à leur manquer, aussitôt le découragement s'empare d'elles. Cet ensemble, cette admirable harmonie qui régnaient parmi elles disparaissent bientôt, et, sans goût, sans plus d'amour pour les provisions qu'elles avaient péniblement amassées, qu'elles conservaient avec tant de soins, qu'elles protégeaient avec tant de courage et d'habileté contre les ennemis mercenaires qui les convoitaient ardemment, elles les délaissent maintenant ou les défendent nonchalamment, et n'en font plus aucun cas, à moins que leur ruche, véritable palais doré, aromatisé, gardé à vue par de vigilantes sentinelles, ne recèle, dans ses alvéoles élégamment façonnés, de jeunes vermisseaux, dont quelques-uns, n'importe lesquels, traités spécialement par elles, deviennent bientôt autant de reines s'entr'égorgeant tout à coup de haine, de jalousie, jusqu'à ce qu'il n'en reste plus qu'une qui se trouve naturellement saisie du pouvoir; alors l'espérance renaît sous elle, tout reprend courage, redouble d'activité sous sa sage direction; et, d'après ses ordres, une fois qu'elle se sent bien fécondée, les faux bourdons, désormais inutiles à la monarchie, sont, à certain signal, massacrés sans pitié par les abeilles.

Qui pourrait, à tant de prévoyance de part et d'autre, méconnaître la puissance et la force de l'instinct, en borner l'étendue, en repousser les heureuses, les positives conséquences, pour se jeter dans le vague de l'esprit?

Ailleurs, d'autres insectes, puis des reptiles, des poissons, des quadrupèdes, des oiseaux, des atomes infinis, ne nous étonnent peut-être pas moins par l'instinct dont chacun d'eux se trouve pourvu en particulier, selon l'usage qui fut le motif de sa création ; mais une circonstance a lieu de nous surprendre, et serait presque de nature à nous faire présumer que les premiers degrés de la perfection pourraient bien ne pas se rencontrer où nous les supposons précisément : le quadrupède et l'oiseau, par exemple, et l'homme plus qu'eux, ont à leur naissance absolue nécessité des soins, des secours de leur mère, sinon point de vie pour eux ; tandis que dans les classes d'insectes, de reptiles, de poissons et d'atomes, le nouveau-né n'a que son propre instinct pour se sauver à travers mille périls qui l'entourent de toutes parts, et si nous le lui ôtons pour y substituer notre génie, il est fort à craindre qu'il perde gros à l'échange ; car notre intelligence pourra-t-elle jamais suppléer à cet instinct naturel qui prévoit, qui connaît tous les besoins de chaque instant, et sait si bien, et sans apprêts, les satisfaire à propos ; c'est presque une science instinctive. Il y a en elle, je ne sais quoi qui nous frappe d'admiration et nous porte plus haut que nous.

Ici nous apercevons un très-petit insecte de couleur brun foncé, dit ver à soie ordinaire ou bombyx mori, s'acheminer directement, aussitôt qu'il est sorti de sa coque, vers le jeune et tendre feuillage qui lui est prédestiné, et qui éclate en effet pour lui seul, plein de luxe végétatif, sur l'arbre dit mûrier blanc, ou *morus alba* ; faits l'un pour l'autre, ils ont commencé simultanément ; sans cesse exposés à l'air libre, au grand air qui leur est indispensable, ils en hument largement tous les principes ; soumis à la même température, c'est-à-dire, à la même chaleur bienfaisante du jour, à la même fraîcheur humide de la nuit, ils se développent et grandissent ensemble, l'un dévorant l'autre toujours frais, aqueux, succulent et gommeux, et toujours à sa disposition ; l'un prenant plus de consistance à mesure qu'il faut à l'autre une alimentation plus consistante ; l'un amené vers l'autre par son instinct et ses besoins ; l'un attirant l'autre par son odeur, et l'y maintenant par sa saveur; l'un s'endormant sur l'autre à diverses et certaines périodes de sa vie, après avoir eu l'étonnante précaution d'y fixer sa peau par des baves de soie, afin de pouvoir s'en dépouiller plus aisément lorsque vient le temps de son réveil ; l'un cessant bientôt enfin d'être recherché par l'autre, qui l'abandonne, en effet, et le fuit précipitamment et avec dégoût, pour aller vomir à longs traits la matière soyeuse qu'il ne peut plus contenir, qui déborde bon gré mal gré, qui le gêne peut-être, et dont il s'était insensiblement gorgé en le rongeant avec avidité dès sa naissance.

C'est alors que l'on voit briller l'activité, la dextérité de l'artiste laborieux et consommé ; rien n'est effectivement plus beau, plus extraordinaire que son travail, et rien aussi ne peut l'imiter ni le dépeindre avec la grâce, l'élégance, l'habileté qu'il déploie lui-même à le faire, et sous lequel il disparaît bientôt tout à fait, comme pour dérober à l'œil de l'indiscret le phénomène inconcevable qui s'y passe, la métamorphose incompréhensible qui s'y opère secrètement : il s'y est enfermé, n'importe l'heure, ver tout à l'ouvrage, et toujours à l'aube du jour il en sort papillon tout à l'amour ; le plaisir chez lui suit de près le désir, l'action dure long-temps, les résultats ne se font presque pas attendre, et sont généralement suivis de bons effets, se renouvelant conti-nuellement les mêmes, parce que la nature préside seule à leurs causes.

Eh bien ! ne cherchons pas à la contrarier dans nos éducations domestiques, et traitons nos élèves à son exemple, en débutant comme elle avec de bons éléments, en d'autres termes, avec de la bonne graine de vers à soie, règle générale et point important d'où dépend essentiellement le succès. Pour obtenir donc cette graine de bonne qualité, nous pouvons bien, règle exceptionnelle et sans contredit fort judicieuse, choisir nos meilleurs cocons, réformer nos mauvais papillons, tous ceux qui paraissent faibles, défectueux, et qui sont dépourvus de duvet ; mais n'allons pas plus loin : là doit se borner l'œuvre de notre intelligence, parce que là commence l'admirable, l'impénétrable mystère de la création instinctive, vaste domaine qui donne à profusion, quand l'homme, affublé de toute sa science qu'il étale avec pompe au grand jour, et qui daigne à peine s'incliner devant la prescience divine, ne vient pas troubler la nature dans ses invariables, dans ses radicaux effets.

Loin de nous cependant la mauvaise pensée de chercher à atténuer les droits incontestables qu'ont à la reconnaissance publique tous ces hommes devenus célèbres par l'élan qu'ils ont imprimé généralement à toutes les sciences, et notamment à la science séricicole, dont l'étude à la fois attrayante et productive, intéresse vivement le petit comme le grand éducateur.

Si nous considérons, en effet, ce qu'étaient les magnaneries d'autrefois, et ce qu'elles sont aujourd'hui, si nous lisons attentivement les ouvrages qui ont trait à la matière, si nous comparons nos nouvelles aux vieilles méthodes, nos produits actuels à ceux des anciens éducateurs, nous sommes surpris, émerveillés des progrès immenses qui se sont opérés de nos jours dans l'art séricicole ; et nous devons, en conséquence, rendre hommage, ne fût-ce que par reconnaissance, à la mémoire, aux talents de ceux qui ont bien voulu consacrer leurs veilles, leur temps ou leurs loisirs à réformer de grandes erreurs.

Maintenant, si nous comptons exactement les cocons que nous obtenons d'une éducation fort heureuse, et que nous ayons eu le soin minutieux de compter auparavant les œufs que nous avons mis à l'éclosion, nous sommes effrayés des pertes énormes que nous avons éprouvées, et nous devons augurer que nous n'opérons pas encore assez bien, et que nous pouvons mieux faire. Y parviendrons-nous jamais ? Nos succès, de plus en plus marquants, à mesure que nous nous rapprochons de plus en plus de la nature, semblent nous le promettre ou donnent lieu de l'espérer.

Ne nous traînons donc plus aussi rigoureusement sur les règles que l'art nous enseigne, renonçons à celles de la routine, rompons brusquement avec certaines coutumes que nous avons adoptées sans réflexions, que nous suivons de même ou machinalement, et ne perdons pas de vue surtout que la théorie la plus éclairée, la pratique la plus consommée se trouvent souvent en défaut si le tact de l'éducateur, si une pénétration, pour ainsi dire innée en lui, une perspicacité opportune et de tous les instants, ne viennent à son aide dans beaucoup de cas exceptionnels, il est vrai, mais qui ne se renouvellent pas moins assez fréquemment ; car, quoique vigoureusement constitué, le ver à soie est si impressionnable, si sujet aux influences de l'atmosphère qui l'entoure, si sensible à la moindre altération survenue dans la feuille, qu'il déconcerte souvent toute notre expérience, et cette science gigantesque dont il n'est pas même sorti un seul remède pharmaceutique contre les maladies sans nombre qui l'attaquent journellement.

Mais que nous importeraient des remèdes, là où nous avons tant de moyens préservatifs à notre disposition, tant de moyens sanitaires rarement mis en usage sans de satisfaisants effets? La nature, au reste, en emploie-t-elle jamais d'autres, et n'agit-elle pas en tout de manière à nous démontrer clairement que ses éclatants triomphes dérivent d'une prévoyance infinie et qui lui est inhérente. Stable dans les principes fixes qui la gouvernent impérativement, elle suit impérativement aussi le cours régulier ou irrégulier des saisons : en l'observant de près on découvre en elle tout l'instinct d'une bonne mère, on la trouve partout infaillible, et par conséquent, toujours heureuse dans ses résultats. Néanmoins, nous ne pouvons nous résigner à marcher sur ses traces, le rôle d'imitateurs nous répugne, et tout enorgueillis de nos lumières ou pleins de confiance en quelques succès antécédents, qu'un prétentieux amour-propre nous attribue sans partage, quoiqu'il soit pourtant assez clair qu'ils nous viennent presque toujours uniquement d'elle seule, nous en cherchons de plus grands encore dans notre imagination, dont l'audacieux essor, gagnant bientôt les espaces, plane et reste dans le vide, tandis que la réalité nous attendait modestement sur la voie certaine que nous a si nettement tracée le doigt qui nous abat quand l'heure a sonné.

Quel est donc le malencontreux génie qui nous jette dans de vagues conjectures, lorsque nous avons sous les yeux un modèle parfait, la nature? Certes, il faut bien l'avouer, nous ne l'égalerons jamais; mais, en l'approchant, nous aurons fait un pas immense; et, dans cette hypothèse, regardons son point de départ, et puis examinons avec soin comment elle traite d'un bout à l'autre de son existence, l'intéressant élève qui nous occupe. Elle a d'abord de la bonne graine qui, chose bien convenue, bien arrêtée, et définitivement reconnue, est la première base, le premier motif de ses succès; car il faut bien commencer pour bien finir, nous dit un vieux proverbe rempli de sel et de sens, c'est-à-dire, qu'elle a de la graine faite suivant la volonté, le but du Créateur, et suivant l'instinct et la constitution de la créature, qui vient de passer par diverses épreuves, dont la dernière est uniquement destinée à la reproduction de son espèce, puisque rien autre chose ne paraît l'occuper durant cette courte période qu'il parcourt en voltigeant, tout pétillant d'amour, insatiable de plaisirs, frémissant de désirs visiblement encore excités, augmentés par l'influence directe d'une vive et brillante lumière.

Eh bien! sans égard pour une indication aussi tranchante, aussi décisive, nous foulons aux pieds la loi naturelle, et nous plongeons nos pauvres papillons dans une obscurité profonde, sous prétexte probablement qu'elle leur est éminemment favorable. Pourtant nous sommes témoins que, privés de l'éclat du jour, ils cessent aussitôt de trépigner d'ardeur, de faire vibrer leurs ailes de désirs ; ils n'ont plus ce frémissement, ce tremblement de toute passion violente ; ils perdent, enfin, une partie de leur vivacité, de cette vivacité si nécessaire à l'acte important de la copulation, et, par conséquent, sans doute aussi, une partie de leur disposition génératrice ; car, où l'une n'est pas, l'autre se trouve languissante, douée de peu d'énergie ; et de là résulte, sans contredit, une œuvre tout au moins imparfaite dans la confection de la graine. Cette hypothèse paraît assez rationnelle, et repose d'ailleurs, tout entière, sur une prévision bien évidente du Créateur.

Mais l'hérésie paraissant ici complète, la satire pense avoir beau jeu, et je la vois, en effet, qui s'en émeut, qui en jouit, s'en empare et veut en profiter pour faire valoir ses opinions.

Le papillon du ver à soie, dit-elle toute rayonnante d'une malicieuse satisfaction, est un papillon de nuit ou phalène, et, par conséquent, il est matériellement impossible que la lumière ne lui soit pas décidément défavorable et ne lui enlève pas une partie de ses forces vitales. Le raisonnement est sans doute très-spécieux, et je conviens qu'il doit séduire et convaincre au premier aperçu ; eh bien ! cependant, rien de cela n'arrive, et le contraire a lieu.

Etablissons d'abord des faits à l'appui de cette assertion ; nous raisonnerons ou discuterons après.

En 1833, je débutai dans l'art séricicole par une petite éducation de vingt grammes de graine, et j'en obtins vingt-deux kilos de bons petits cocons blancs et jaunes, race dite de Novi, je crois. C'était beaucoup pour le coup d'essai d'un novice fort inhabile en théorie même ; je fus très-étonné de ce succès inattendu, et je pensai que les circonstances avaient tout fait ou m'avaient du moins singulièrement favorisé, car je puis bien maintenant confesser sans honte toute mon inexpérience, et j'avoue qu'elle était

grande alors; elle était même telle que, connaissant à peu
près aujourd'hui les difficultés qui se rencontrent à chaque
pas dans cet art qui, par mille incidents divers, déjoue si
souvent tous nos calculs et toutes nos combinaisons, malgré
nos soins infinis, je ne conçois réellement pas comme je par-
vins, sans le secours, sans les conseils de personne, à obtenir des cocons d'une éducation fort mal faite sans doute,
puisque, je le répète, je n'avais absolument aucunes notions sur les habitudes et les maladies des vers à soie.

Loin de m'inspirer cependant de l'amour-propre sur un
savoir que je n'avais pas, que je ne pouvais avoir, ce premier succès m'en ôta même la pensée, et me fit présumer
que je le devais uniquement au hasard; sinon qu'il devait
être extraordinairement simple et facile d'élever des vers à
soie. Grande erreur et méprise étrange: rien n'est au contraire plus difficile, rien n'exige plus de précautions, plus
d'étude, plus de pratique, plus de savoir faire, plus de sagacité; et le hasard est absolument nul et de nul effet où
la science la plus exercée a besoin de tous ses éléments,
pour mener à quelque bien une opération si pleine d'événements, de phénomènes successifs et dangereux. J'ai donc
reconnu plus tard que je devais tout à la nature qui avait
été mon seul guide et modèle, et qui le fut aussi pour la
confection de ma graine, faite par conséquent en partie
hors des préceptes, des enseignements, des prescriptions
de l'homme qui est achevé, fini si l'on veut, mais qui n'est
pas parfait, immuable comme elle.

En thèse générale, la conservation et l'amélioration des
espèces dont nous avons su ou dont nous voulons tirer
parti, est notre point de mire, le but où nous tendons tous
par spéculation, intérêt ou propre satisfaction; et nous faisons, à cet effet, un choix très-sévère des sujets que nous
destinons à la reproduction. C'est très-bien, et c'est là un
principe vrai, naturel, un principe universellement admis,
que rien n'est venu démentir et contre lequel il ne peut

s'élever aucuns raisonnements de valeur ; mais il ne suffit pas seul, il lui faut en outre la participation d'autres conditions, celles surtout de l'à-propos au moment de la copulation, celles qui me firent penser qu'il était judicieux de laisser au grand jour nos papillons sortant tous de leurs cocons au point du jour, au premier reflet de la lumière, signe frappant, signe on ne peut plus caractéristique et qui nous en dit assez en nous décelant ainsi la nature dans ses secrets, dans ses moyens.

Mais j'ai hâte de courir au dénoûment, non pas à celui de la première, de la deuxième, de la troisième année (car, m'étant servi seul de la graine que j'avais faite contre les règles établies, j'en serais le seul juge, et pourrais craindre que mon opinion isolée ne parût entachée de ce vice, de cet esprit de prévention qu'on retrouve assez ordinairement dans les traditions, dans les rapports, récits ou témoignages des hommes), mais au dénoûment de la quatrième année, c'est-à-dire à celui de l'année 1836, parce que, précisément à cette époque, je donnai une partie de ma graine faite au grand éclat du jour, à un débutant qui est devenu depuis un habile magnanier, à M. Antoine Bouvet, maître jardinier-pépiniériste, habitant la petite ville de Lempdes, département de la Haute-Loire.

Il vous raconterait lui-même au besoin que les résultats qu'il en obtint furent tels, qu'ils étonnèrent tous les éducateurs de ses environs, lui attirèrent de grands éloges, firent de nombreux prosélytes, inspirèrent aux voisins le goût, le désir de planter des mûriers, et lui valurent une assez forte prime de la part de son département.

Pressentant dès lors que l'élan était donné, et que des plantations importantes allaient s'effectuer dans ses parages, il conçut l'heureuse idée de faire des semis considérables de graines de mûrier. Exécutés avec toute l'intelligence d'un bon jardinier-pépiniériste, ils réussirent à merveille, et l'on peut assurer qu'il est aujourd'hui possesseur de belles pépinières entretenues et cultivées avec art. Il plante pour lui, pour tous ceux que son exemple et ses succès ont séduits, vend par conséquent beaucoup, sème toujours, prospère et gagne de l'argent, ce qui finit d'engager quelques personnes encore indécises, à suivre le torrent dans sa course rapide, à suivre l'impulsion inspirée.

Non moins soigneux et zélé pour les vers à soie qu'il l'est pour ses pépinières, il s'est acquis la réputation d'habile éleveur, d'excellent praticien. Après avoir fait de petites éducations pour son compte, il en a fait de grandes pour autrui, et sa renommée s'en est encore accrue.

Il fait toujours lui-même sa graine avec tous les soins imaginables et d'après toutes les règles de l'art, sans en omettre la moindre particularité, sans manquer à la plus petite de ses indications; elle est, en conséquence, recherchée avec empressement par les éducateurs qui connaissent l'importance et l'avantage de l'avoir bonne. Eh bien ! cet habile magnanier, que je viens de dépeindre fidèlement tel qu'il est en réalité, et qui n'opère qu'avec de la graine mieux faite, mieux tenue peut-être qu'il n'est même prescrit, parle encore avec extase, avec enthousiasme de celle que je lui avais donnée en 1836, et répète, à qui veut l'entendre, qu'il n'a jamais employé sa pareille. C'était pourtant bien de la graine procréée au grand éclat du jour; donc la lumière n'avait pas été défavorable à mes papillons, et ne leur avait pas enlevé toutes leurs forces vitales, comme on le croit communément; puisque, je le mentionne de nouveau, cet habile sériciculteur, qui s'est servi plusieurs fois de graine parfaitement choisie en différentes localités renommées, a trouvé la leur comparativement préférable à toute autre obtenue, comme de raison, dans l'ombre, à celle aussi qu'il fait également confectionner dans l'obscurité, d'après l'ordre précis de la science séricicole, dont il observe toutes les coutumes avec une ponctualité remarquable, et que personne, à coup sûr, ne surpasse, tant il a de confiance aux ouvrages qui les prescrivent, et tant il est zélé, soigneux à les exécuter par goût ou par amour de l'art : or, que répondre à cet argument, et que penser de celui qu'on lui oppose, lorsque nous avons surtout sous les yeux la preuve matérielle que la vitalité de ces insectes augmente, au contraire, à mesure que la lumière devient de plus en plus vive ?

Voilà pour les faits ; passons aux raisonnements qui ne sont peut-être pas moins concluants, moins péremptoires.

Aussitôt prêt à vomir sa soie, le ver qui par nature n'a jusque-là éprouvé qu'un seul penchant, qu'un seul besoin, celui de manger, fuit tout à coup la feuille qu'à l'instant même il recherchait encore avec avidité, et grimpe vigoureusement après tout ce qu'il rencontre à son passage. Chemin faisant, il s'approprie la première place qui lui convient, fixe adroitement çà et là des brins de soie, et commence à s'envelopper dans son merveilleux travail, le jour comme la nuit, le matin comme le soir, c'est-à-dire que ni la lumière ni l'obscurité ne paraissent en aucune façon l'influer sur l'instant du jour ou de la nuit qu'il s'y enferme, parce qu'elles ne sont apparemment l'une et l'autre ni contraires ni très-essentielles à la confection, au développement de son ouvrage ; tandis qu'il est évident, au contraire, que la lumière semble pour ainsi dire déterminer le papillon à sortir de son cocon au moment qu'elle apparaît, parce qu'elle est apparemment utile à l'opération qu'il exécute en effet instantanément.

Je prie mes lecteurs bénévoles de ne pas perdre de vue cette remarque qui n'est pas, ce me semble, sans conséquence.

Le tissu de cet admirable travail, ordinairement achevé en deux ou trois jours, et auquel on a donné le nom de cocon, étant plus ou moins dense, plus ou moins épais, plus ou moins dur, suivant que les vers qui le trament ont plus ou moins perdu de soie avant de pouvoir l'entreprendre, suivant qu'ils ont été plus ou moins bien nourris, suivant qu'ils sont plus ou moins vigoureux, suivant même leur espèce, il doit nécessairement exiger de la part des papillons qui ont à le percer ensuite, plus ou moins de temps pour le mettre en état de leur livrer passage; comment se fait-il cependant que cet étonnant résultat ne soit presque toujours obtenu qu'au point du jour?

Beau sujet de méditation et autre remarque importante, je crois, qu'il ne faut pas non plus perdre de vue.

Sous ce tissu à la fois précieux et protecteur, deux phénomènes inconcevables s'opèrent mystérieusement : d'abord une métamorphose surprenante s'accomplit insensiblement, et l'insecte change totalement de nature pour d'autres desseins, pour d'autres buts; il se forme en lui des pattes plus longues et des ailes, pour qu'une fois échappé de l'enveloppe qu'il s'était tissée sous l'impression de l'instinct qui le dominait alors, il puisse vraisemblablement aller plus aisément et plus vite où l'appelle impérieusement son dernier instinct, l'amour avec toutes ses suites et ses tyrannies; il lui survient aussi des yeux, afin sans doute que la lumière et son brillant éclat qui vivifient tout, puissent pénétrer jusqu'à lui et l'influencer dans son nouvel organisme uniquement destiné, nous l'avons déjà dit, à la grande œuvre de la reproduction; enfin, il surgit chez lui des organes sexuels, complément de son être, et sa dernière utilité dont il va tantôt nous donner des preuves authentiques, et qui porte avec elle l'empreinte majestueuse d'un profond et vaste génie en se reproduisant d'abord, en s'anéantissant ensuite; car du néant rien n'est sorti d'inutile, au néant appartient bientôt tout ce qui a cessé d'être utile : imposantes vérités où nous a conduit inopinément le premier phénomène qui se passe inaperçu dans l'intérieur des cocons, et que nos complaisants lecteurs connaissent sans doute mieux que nous, sans pourtant l'admirer davantage;

car se peut-il qu'il n'inspire pas la même admiration à qui
veut ou qui peut l'observer dans le recueillement de la méditation contemplative.

Le second phénomène, non moins extraordinaire et non
moins intéressant, nous mène peut-être plus droit encore à
la conséquence que nous voulons en tirer, à la preuve que
la lumière, entourée de ses bienfaits vivifiants, est éminemment favorable à l'acte important d'une bonne reproduction
du ver à soie, au lieu de lui être contraire, comme le pensent et le pratiquent généralement tous les éducateurs,
d'après l'avis pressant et la recommandation formelle de
célèbres auteurs qu'il est inutile de désigner ici.

Cependant, guidé par son instinct providentiel, le papillon va nous apprendre bientôt lui-même, dans son retour
à la liberté, ce qui convient le mieux à sa nouvelle destination, ou de la lumière, ou de l'obscurité.

Soyons attentifs à ce qui se passe à cette occasion, pour bien
nous identifier aux suites qui en découlent.

Une fois sa métamorphose accomplie, c'est-à-dire aussitôt qu'il se sent doué d'organes génitaux, il en ressent toutes
les exigences, toutes les rigueurs ; il éprouve toute la violence d'impétueux désirs, toute la tyrannie d'impérieux
besoins ; son isolement devient son supplice ; l'élégant do-
micile qu'il s'était créé sous une autre forme avec ardeur,
n'est plus maintenant pour lui qu'une détestable prison qui
l'impatiente : aussi, pour s'en échapper bien vite, il n'est
rien en effet qu'il ne tente ; son amour lui suggère du génie, lui donne de la force, et la cloison compacte qui le
retenait captif cède enfin à l'inspiration de son instinct, à
l'énergie de son courage.

O prévoyance suprême ! ô merveilleuse nature ! vous
éclatez en toutes choses, vous vous montrez partout sublimes, partout triomphantes !

Instinctivement humectée, ramollie et altérée d'abord
par une liqueur à la fois corrosive et délayante mise exprès

à la disposition de l'insecte pour cet effet, cette cloison, cette barrière, composée d'un tissu nerveux et serré, est ensuite percée avec adresse, avec violence, et ne borne bientôt plus le passage du papillon, ne fait plus obstacle à son évasion adroitement préparée dans l'ombre et laborieusement opérée de l'aube du jour à huit à neuf heures du matin seulement ; car, passé ce temps, celui qui n'a pu finir d'écarter ou de ronger pour ainsi dire ses fers, ne cherche plus à les forcer, et, jusqu'au lendemain matin, il suspend de lui-même tout travail au bout duquel il allait pourtant trouver la liberté si chère, si convoitée, et toutes les joies de sa nouvelle organisation.

Qui donc, si ce n'est son instinct, a pu l'arrêter si subitement dans ses labeurs, lorsqu'il touchait au terme de ses fatigues, au but de ses désirs, au moment où le moindre autre effort de sa part suffisait pour achever de briser ou d'ouvrir les portes de sa prison devenue désormais une solitude insupportable.

Mais il paraît, il est même évident qu'il a senti que peut-être il serait trop tard alors, et que la sombre nuit venant trop tôt l'engourdir, le paralyser de son ombre lugubre, il ne lui resterait probablement plus assez de temps, avec le surplus du jour, pour terminer convenablement le grand acte de la régénération sous l'impression stimulante de la lumière qui l'émeut, l'agite, l'électrise en effet puissamment, signe et preuve manifeste qu'elle le vivifie, l'anime, l'excite, le rend plus dispos ; et, dans ce cas, pourquoi le priver de l'élément qui lui est à coup sûr très-favorable, puisqu'à peine hors de son cocon, d'où il ne sort presque toujours que le matin en France comme en Chine, comme il en sortirait aux antipodes, où cependant le matin est chez nous le soir, il est apte à l'œuvre de la copulation dont, encore un coup, il s'occupe ardemment de suite.

Ainsi donc toujours et en tous lieux il n'apparaît sur l'horizon qu'avec le commencement du jour, comme pour pouvoir jouir plus longtemps des bienfaits de sa lumière ; car est-ce que l'omnipotent Créateur n'aurait su lui inspirer, lui imposer l'instinct de sortir le soir de son cocon, au moment où la nuit l'aurait enveloppé de ses ténèbres, s'il était vrai que l'obscurité est réellement propice à la confection de la graine de vers à soie, s'il était vrai que la lumière enlève les forces vitales de ce papillon, tout papillon phalène qu'il soit.

Mais, s'il en était ainsi, que penser alors de la prescience divine, que penser même de Dieu qui n'eût pas été conséquent dans sa création et pour sa création ?

Mais non, le contraire nous est acquis par la perfection évidente de ses ouvrages ; ailleurs comme ici tout est bien, tout est beau, tout est bon ; et, ici comme ailleurs, l'indication de la nature est palpable, est manifeste ; on la voit précise, saillante, invariable, et je la préfère aux préceptes de l'homme, quelle que soit d'ailleurs la haute opinion que j'aie conçue des auteurs recommandables qui les ont avancés et qui les professent et pratiquent de bonne foi.

Au reste, j'ai mis en pratique l'une et l'autre méthode ; et, d'après les résultats de chacune en particulier, je n'hésite plus sur la détermination qu'il convient de prendre à cet égard, et j'engage sérieusement les éducateurs à placer désormais leurs papillons dans des chambres parfaitement éclairées ; ils en éprouveront, j'ose l'affirmer, un mieux sensible, et ne seront plus tentés de les entourer d'ombres assoupissantes et ténébreuses.

Loin de moi pourtant l'intention de critiquer les opinions de praticiens certes bien plus expérimentés que moi ; mais, ne serait-ce pas aussi donner un assentiment complet et répréhensible à des coutumes si visiblement contre-indiquées, ne serait-ce pas tacitement contrôler les œuvres de Dieu, ne serait-ce pas, aux décrets immuables de la Providence, substituer les maximes douteuses de la prévoyance humaine, que d'agir, que de voir agir de sang-froid contre les règles évidentes de la nature, qui laisse bien, elle, sans crainte et non sans dessein, ces précieux insectes exposés dans leur patrie à une lumière bien autrement belle et brillante, bien autrement vive et provocante que celle que nous redoutons cependant si fort pour eux dans nos appartements.

Eh bien ! je le demande, la graine ainsi faite sous un beau ciel tout resplendissant de clarté, et pendant que le soleil darde, lance tous ses feux flamboyants et vomit à profusion sur toute la nature son étincelante et magnifique lumière, cette graine provenant, voulais-je dire, de papillons souverainement assujettis, quand ils s'accouplent, à tant de splendeur pour laquelle ils ne seraient pas faits et qui, par conséquent, voudrait-on prétendre, les priverait d'une grande partie de leur vitalité, est-elle pourtant de mauvaise qualité, et ne produit-elle que des sujets débiles, maladifs, défectueux ? Oh ! certes, non, et cela ne saurait être, ni ne peut se présumer, puisque, d'une part, les résultats qui s'ensuivent ne laissent rien à désirer, et qu'il est avéré, d'autre part, qu'infaillible dans ses prévisions comme dans ses actes, une puissance occulte n'a mis à la portée, à la disposition de chaque créature, que les éléments qui lui conviennent spécialement; ne lui a donné, ne lui a imposé même que l'instinct de n'aimer, de ne rechercher, de n'employer qu'eux seuls pour elle et sa progéniture présente ou future : c'est comme un joug, inaperçu si l'on veut, mais inévitable que subit tout animal, excepté l'homme, peut-être, dont la belle intelligence, purement instinctive d'abord (ainsi que nous l'indiquent parfaitement les goûts prononcés qu'ont tous les enfants pour certains aliments, et notamment pour les fruits qui leur sont, en effet, très-salutaires), se développe progressivement ensuite chez quelques sujets privilégiés, grandit libre de tout faire à sa guise, va jusqu'à sa brillante apogée, irrévocablement limitée d'avance, et puis décline insensiblement, s'éteint de même, s'anéantit enfin, vide de ses principes, vide de sens, vide de tout ce qui la constituait éclatante, après avoir rempli le monde de sa magnificence, de ses pompes, de sa puissante énergie, tandis que chez beaucoup d'autres elle naît maladive, errante, viciée, bizarre par dotation, ou le devient par l'impression plus ou moins profonde, plus ou moins directe de diverses émotions, ou par l'effet de substances pernicieuses imprudemment administrées comme moyens curatifs, cent fois pires que le mal qu'on a voulu guérir par leur emploi.

Et de là cette divergence dans nos idées, dans nos actions; de là ces contradictions continuelles qui nous agitent tour à tour; de là nos théories, nos méthodes renversées l'une par l'autre; de là encore toutes ces incertitudes qui ne cessent de se succéder, et des erreurs sans nombre allant grossir le tableau de nos mécomptes.

Hommes si fragiles et pourtant si vains de vous-mêmes, si fiers de votre esprit, et qui voulez régir, gouverner qui se régit, qui se gouverne mieux que vous, en suivant sans détour, probablement sans volonté, la pente naturelle qui l'entraîne à ses fins ordinaires, mieux vaudrait alors pour vous peut-être moins d'esprit et plus d'instinct.

Imprudents désirs cependant et souhaits insensés, mieux vaudrait plutôt pour nous l'esprit de savoir utiliser en notre faveur, comme pour les animaux que nous élevons dans nos intérêts privés, l'instinct qui les guide si bien, à travers tant de périls, vers un but commun de prospérité.

Ainsi donc, je le répète en deux mots, puisque, dans leur état de nature comme dans leur état de domesticité, les papillons qui nous occupent sortent presque tous et toujours de leur cocon en même temps que le soleil et ses flambeaux paraissent sur l'horizon, et qu'ils s'accouplent immédiatement, nous devons naturellement conjecturer qu'ils en ressentent impérieusement le besoin, ou qu'au moins ils en recherchent par instinct le bienfaisant effet.

Quoi qu'il en soit, il est évident que la lumière leur plaît, leur convient et doit par conséquent favoriser leur copulation et ses résultats.

D'où nous vient alors la coutume étrange de les placer dans une chambre obscure, lorsque d'eux-mêmes ils agissent de manière à nous faire comprendre que la lumière doit au contraire leur être très-propice et l'obscurité nuisible? Car, attendant toujours pour sortir de leur cocon que la première arrive, ou que la seconde ait disparu des lieux où ils se trouvent placés, n'importe l'heure réelle à laquelle la clarté se produit autour d'eux, il est positif que cette manœuvre toute machinale de leur part décèle une intention bien manifeste de celle du Créateur; il est certain qu'à semblable phénomène qui nous trace si merveilleusement notre conduite à cet égard, et qui se renouvelle constamment, précisément le même sous des conditions absolument opposées, et quels que fussent d'ailleurs tous les obstacles imaginables que nous voudrions employer contre, il faut nécessairement une cause majeure, indispensable, comme il en faut une bien essentielle, bien urgente aussi pour que les jeunes larves ou petits vers à soie éclosent sans cesse et partout le matin, malgré tout ce que nous pourrions également faire pour obtenir un résultat contraire.

Dans l'un et l'autre cas, l'insecte est évidemment gouverné, au début de ses deux natures ou de ses deux existences, par une puissance qui ne lui permet pas d'agir autrement dans l'intérêt de ses deux produits, la soie et la créature.

Ver, il sort de sa coque en même temps que le soleil commence à réchauffer l'hémisphère, parce que l'instinct que lui a souverainement imposé cette puissance dont toutes les œuvres portent le vrai cachet de la perfection, lui fait tacitement, impérativement sentir qu'il a besoin absolu de la chaleur de toute la journée, pour qu'il puisse acquérir de suite, par son effet salutaire, un certain développement qui lui est probablement nécessaire, ou pour que la nuit accompagnée de toute son humidité, de toute sa fraîcheur, ne vienne pas l'humecter avant qu'il en éprouve la nécessité, ne vienne pas surtout paralyser son appétit avant qu'il ait pu le satisfaire à plusieurs reprises sous l'influence d'une haute température qui le rend en effet plus vorace, et favorise, en outre, singulièrement toutes ses sécrétions animales. De cette éclosion invariablement matinale ressort l'indice positif que le ver naissant ne peut pas, ne doit pas rester longtemps sans nourriture, et qu'il ne faut, dans tous les cas, le gratifier d'une douce fraîcheur qu'après l'avoir entouré de tous les bienfaits d'une forte chaleur, et ainsi alternativement de même jusqu'à la fin de son existence ; mais j'aurai sans doute occasion de reprendre cet objet important, et je reviens à l'autre état de notre insecte.

Papillon, j'insiste encore sur ce point capital, il sort de son cocon comme le soleil sort aussi de son disque lumineux et flamboyant, parce que l'instinct qui le maîtrise, à son tour, sous cette nouvelle forme, lui fait pressentir qu'il n'a pas trop de la lumière et de la chaleur de tout le jour pour accomplir convenablement l'acte essentiel de la régénération, puisqu'il s'y livre impétueusement, dès le matin qu'il est libre ; preuve qu'il est impérieusement appelé, qu'il est décidément destiné à le consommer tout entier à l'aide de ces deux stimulants, dont il reçoit en effet une énergie marquante et sans contredit fort utile en pareille circonstance, comme on s'en doute aisément.

Eh bien donc ! à l'instar de la nature, électrisons nos papillons avec une belle lumière, avec une bonne chaleur, si nous voulons que, pleins de vigueur et de force, ils se reproduisent tels à la suite d'une copulation effectuée sous des éléments opportuns, si nous voulons que, douée d'une constitution robuste, leur progéniture nous donne ensuite d'excellents résultats : d'ailleurs l'indication ne saurait être ici plus manifeste et la preuve plus éclatante, l'une est dans son existence et l'autre dans ses produits, et où la première se rencontre, la seconde ne peut manquer, car tout ce qui existe dans la nature est infaillible, comme tout ce qu'elle rejette est défectueux.

Ainsi, dès que ses papillons se trouvent toujours libres au point du jour et qu'ils s'appareillent à l'instant même, il est positif qu'elle désire, qu'elle veut la lumière et repousse l'obscurité pour leur accouplement.

Comment se fait-il alors que nous recherchions avec précaution ce qu'elle évite avec soin, et que nous rebutions avec attention ce qu'elle exécute avec dessein? En un mot, pourquoi pratiquons-nous précisément tout le contraire de ce qu'elle fait sans cesse, de ce qu'elle nous enseigne si bien? A mon avis, c'est une faute grave et qui doit nécessairement nous causer un préjudice notable ; malheureusement elle n'est pas la seule, car je la vois suivie bientôt d'une autre de ce genre, quoique diamétralement opposée, puisque celle que je viens de retracer gît dans l'appareillement irrationnel de nos papillons, et celle que je vais décrire dans leur disjonction intempestive, qu'on ne peut assez réprouver, dont on ne peut assez s'étonner.

D'où nous vient en effet la coutume bizarre, inconcevable, qui nous porte à les désaccoupler après certain laps de temps sur lequel personne n'est bien d'accord? De l'expérience de l'homme, répondra-t-on peut-être? Rien de mieux sans doute, mais il la faudrait au moins uniforme pour avoir quelque poids, quelque valeur. De l'expérience de l'homme, nous dit-on? Vaniteuse prétention : l'homme est-il donc infaillible, et ses expériences dont il est si glorieux, dont il augure si bien, et sur lesquelles il base tout le matériel de ses convictions, tout l'échafaudage de ses méthodes, n'ont-elles jamais été pour nous illusoires et trompeuses? sont-elles toujours faites avec discernement, avec exactitude, et valent-elles les lois naturelles éternellement invariables, et jamais mensongères?

Encore si, partant de différents points, elles arrivaient toutes et toujours à une décision identique, s'il y avait entre elles toutes unité de vues et de pensées, on pourrait y avoir quelque créance ; mais non, il n'est pas au contraire de jours, de moments que nous ne changions d'idées, de systèmes ; aujourd'hui l'on rejette avec dédain ce qu'on admirait hier avec passion, et l'on s'émerveille de ce qui sera peut-être critiqué demain.

Tel est cependant le sort qui frappe ou menace assez ordinairement les méthodes uniquement fondées sur l'expérience de l'homme.

Et particulièrement ici je remarque que quelques auteurs célèbres recommandent expressément de ne laisser nos papillons accouplés que pendant cinq ou six heures au plus, pour ne pas trop épuiser les papillons femelles par un accouplement qui ne serait pas interrompu aussitôt qu'ils le prescrivent, qu'ils nous l'imposent dans l'engouement et par suite d'essais attentivement, scrupuleusement signalés par eux, dignes par conséquent de toute confiance, et valant, à les en croire sur parole, chose acquise, chose jugée.

D'autres, à leur tour, persuadés aussi de l'exactitude, de la sincérité de semblables essais pareillement ou différemment exécutés par eux, avec tout le soin possible, et pensant qu'il y a dans cette première hypothèse trop de parcimonie ou trop peu de latitude, soit qu'ils aient mieux su pénétrer les vues secrètes de la nature, soit qu'ils n'aient pas été très-satisfaits de la graine provenant d'un accouplement réduit à des limites aussi restreintes, conseillent de le prolonger davantage, et lui assignent en conséquence une durée plus longue, et qui n'est la même chez pas un d'eux, mais qu'il faut bien se garder toutefois de dépasser, n'importe laquelle, dans la crainte toujours de trop affaiblir le papillon femelle.

Ainsi, certains auteurs la veulent de sept heures au

moins, quelques-uns de huit, et d'autres l'exigent absolument de dix ; tous prétendent avoir raison ; chacun préconise son système comme ce qu'il y a de mieux, et les éducateurs indécis, irrésolus, embarrassés, et ne pouvant se baser sur rien de positif, sur nulle preuve authentique, acceptent, admettent la méthode qui arrive la première à leur pensée, sans songer qu'il y a dissidence très-prononcée entre des hommes également remarquables, sans considérer que cette seule diversité d'opinions suffirait pour inspirer de la méfiance, et faire augurer que pas une d'elles n'est bonne à suivre, lors même que la moindre attention sur ce qui se passe autour de nous, ne nous démontrerait pas à l'évidence toute l'inconvenance d'une coutume si bizarre et si fort irrationnelle.

Eh quoi ! sous le vague prétexte qu'un accouplement de telle ou telle durée affaiblirait trop le papillon femelle, nous allons d'une main hardie et presque barbare, le séparer du papillon mâle, sans prendre garde que nous pouvons commettre cette monstruosité au moment le plus opportun de la génération, au moment peut-être où tout allait se produire parfait.

D'ailleurs, en troublant ainsi le papillon femelle dans ses plaisirs ardents, sommes-nous bien sûrs de ne pas le troubler dans ses fonctions importantes ? sommes-nous bien certains de ne pas nuire à la fécondation qui, pour être complète, a peut-être besoin de plus de temps qu'on ne lui en donne ? pouvons-nous affirmer que de cette brusque, de cette anormale interruption, il ne résulte réellement aucune suite fâcheuse ? aurions-nous, par hasard, la vaniteuse prétention d'avoir deviné la nature, d'avoir pu pénétrer dans le plus impénétrable de ses mystères ? et qui nous a dit enfin, c'est assez, l'œuf est maintenant très-bien fécondé, tout instant de plus le vicie ?

L'expérience, va-t-on sans doute répondre encore avec assurance et pleine conviction ; mais laquelle toutefois, demanderai-je à mon tour, tout frappé, tout préoccupé de tant de dissidences entre tant de gens d'esprit?

En effet, chacun se croit suffisamment initié à ce grand mystère de la reproduction, chacun propose alors une opinion à cet égard, et chacun fait de celle qu'il émet la condition du succès. Quelle est, cependant, celle qui offre ici le plus de chances, laquelle est décidément la meilleure, et laquelle, en conséquence, adopterons-nous de préférence? car nous avons à prendre une détermination quelconque entre plusieurs méthodes qui nous sont enseignées par des hommes d'un grand mérite, et dont les talents transcendants nous inspirent une haute, une égale confiance.

Ainsi, dans cette perplexité d'idées divergentes partant de têtes éminemment savantes, dans cet embarras du choix, dans ces propositions alternatives, nous laisserons-nous guider par l'homme qui se rapproche le plus de la nature, ou par celui qui s'en éloigne davantage? Sans rien préjuger à l'avance, il me semble que nous devrions plutôt pencher pour le dernier qui veut l'accouplement le plus court, si le principe que l'un et l'autre émettent, et qui part du même point, était fondé, c'est-à-dire s'il était vrai qu'un accouplement trop prolongé nuit réellement à la qualité de la graine en énervant outre mesure le papillon femelle.

Mais qui ne reconnaît déjà que ce principe est entièrement dénué de tact, de raison, de sens, et doit être rejeté comme tel? Qui ne voit en lui une des causes principales de nos défections journalières, une autre origine des maladies qui sévissent ensuite plus ou moins cruellement dans nos magnaneries, quelque salubres qu'elles soient d'ailleurs, et quels que soient encore nos soins pour nos malheureux élèves, périssant le plus souvent victimes de notre négligence ou de nos méthodes vicieuses, après nous avoir donné beaucoup de peines, nous avoir occasionné beaucoup de frais, causé bien des anxiétés, bien des craintes, bien des émotions de tous genres, après nous avoir inspiré, par tout ce qu'ils ont d'intéressant et de mystérieux, une telle affection, un tel attachement pour eux, que le préjudice ou la perte réelle qui résulte de leur mort n'est pas toujours ce qui nous afflige peut-être le plus?

Je sais bien qu'ici l'on argumentera sans doute contre moi, ce que l'on a déjà dit et redit tant de fois à ce sujet, Mais, sans avoir, je crois, absolument bien approfondi la question, je ne me dissimule pas non plus que des opinions qui ont certaine apparence de vérité, et qui sont émises ou scientifiquement énoncées par des hommes d'une grande réputation, pourront bien prévaloir pendant un long espace de temps sur celles que je propose privées malheureusement de tous ornements, de tous antécédents favorables, et il est fort à craindre que, mal prévenus d'une part, ou que dominés, sous de belles couleurs, sous de séduisantes apparences, par l'appréhension factice ou réelle de voir périr quelques papillons femelles de fatigue, d'épuisement, de toutes les suites enfin d'un accouplement facultatif pouvant être porté quelquefois jusqu'à satiété, les éducateurs pensant toujours bien faire en suivant de préférence les préceptes de nos célébrités, ne s'obstinent longtemps encore à l'interrompre subitement au milieu de ses effets peut-être, et sans contredit, contrairement aux lois qui nous régissent, aux intérêts même qui nous gouvernent, car il ne faut pas croire que ce fût précisément un mal que d'éprouver de telles pertes; nous serions, au contraire, naturellement débarrassés par elles de cette mauvaise graine provenant de sujets incapables de supporter jusqu'à la fin les charges de leur condition, et par conséquent hors d'état de se reproduire convenablement.

Le papillon mâle n'a rien à créer dans le sein du papillon femelle, il doit seulement y porter la fécondation à des œufs qui s'y trouvent déjà formés; et, dès lors, comment admettre que la femelle, quelque affaiblie qu'on la suppose par un accouplement trop prolongé, ne les pondra pas tels qu'ils auront été fécondés, à moins qu'elle ne périsse avant ; mais, encore un coup, il ne faudrait pas regretter beaucoup ceux qu'elle aurait faits, parce que donnant des preuves si manifestes de sa faiblesse, elle donne en même temps l'idée de son insuffisance, et nous indique pour ainsi dire tacitement qu'il n'y avait rien de bien bon à attendre d'elle.

L'argument paraît décisif et le principe vrai ; l'opposition ou la critique pourra bien le trouver erroné, le croire et le prétendre faux, il se peut que cela soit ainsi ; mais vrai ou faux, il a été efficace, et cela suffit.

Et d'ailleurs est-ce que l'accouplement n'est pas libre dans leur état de nature, et voyons-nous pour cela que les vers à soie en aient souffert, en périssent d'épuisement, et qu'ils ne soient pas aujourd'hui ce qu'ils ont toujours été ? Est-ce que Dieu, dans sa sagesse infinie, pouvait raisonnablement s'en rapporter aux soins, à l'intelligence de l'homme pour la conservation des espèces qu'il a créées immuables comme lui ? Est-ce même que dans toutes les classes d'animaux l'accouplement n'est pas livré à l'instinct, au besoin de chacun d'eux ? Qui jamais eût en effet la minutieuse précaution de désappareiller les insectes pour leur faire donner de meilleurs produits, en les empêchant de s'oublier dans des délices qui les perdraient ou les rendraient inhabiles à se bien reproduire ? Qui osa, surtout pour la même cause et les mêmes effets, aller désaccoupler les bêtes féroces dans leurs repaires, et qui ne conviendra pourtant que la dégénérescence n'est entrée nulle part, malgré que l'œuvre instinctive de la génération soit libre et respecté partout dans la nature ? Eh ! pouvait-il en être autrement ? Est-ce que le temps qu'il faut pour de bons, de parfaits accouplements n'a pas été sagement limité selon la constitution de chaque animal en particulier et suivant son espèce ? Est-ce que tout n'a pas été prévu, réglé d'avance par la prescience divine, et rien en conséquence a-t-il pu dégénérer, si ce n'est l'homme, dit-on, avec toute son intelligence et sa raison qui le poussent à sa perte? Mais à qui la faute, s'il en est vraiment, malheureusement ainsi? Que penser alors et de lui-même et de son esprit qui l'entraîneraient à la décadence, lorsque sous ses yeux et autour de lui tout croît et multiplie sans dégénérer ni s'améliorer, parce que, s'il pouvait y avoir amélioration naturelle, il pourrait à la longue en résulter perfection de la créature (ce que Dieu n'a pas voulu sans doute, puisque nous ne voyons et n'avons jamais rien vu de parfait ici-bas), et s'il pouvait y avoir dégénération, il pourrait à la fin y avoir extinction des races; ce que Dieu peut-être n'a pas voulu non plus, puisque rien de ce que nous connaissons ne s'est encore éteint ni anéanti.

Maintenant, en prenant l'homme ce qu'il est aujourd'hui et en le supposant meilleur aux temps passés, je me demande, tout interdit et consterné, s'il peut dégénérer davantage? Indubitablement oui, si de plus en plus il s'éloigne de ses bonnes et premières coutumes; mais non, si son intelligence ne lui suggère rien de plus funeste et de plus meurtrier, à moins cependant qu'il n'entrât dans les vues secrètes du Créateur de nous faire arriver matériellement, par une désorganisation insensible de sa créature de prédilection, aux fins terribles qui nous sont prédites; car, si nous tendions réellement à une dégénérescence progressive, il pourrait bien enfin venir un temps où n'étant plus propres à nous reproduire, nous cesserions naturellement de nous-mêmes pour retomber encore dans le chaos d'où nous étions miraculeusement sortis.

Ainsi donc soyons attentifs à tout ce qui se passe autour de nous, soyons surtout convaincus que tout est bien, que tout est au mieux, que rien n'est à changer, à réformer; livrons alors en toute sécurité nos papillons domestiques à leur instinct, à leur organisation spéciale, et n'ayons nul souci, nulle crainte sur les suites d'un accouplement libre ou discrétionnaire, car il est écrit en gros caractères, en lettres inaltérables, sur le grand livre, sur chaque tableau vivant de l'histoire naturelle, qu'il n'est jamais suivi de fâcheux résultats, et qu'il ne dépassera pas plus ici qu'ailleurs les limites qui lui sont assignées, si nos sujets sont vigoureux du reste, et si la froide, la lugubre, l'insipide obscurité ne vient les engourdir ou les paralyser de ses ombres assoupissantes au milieu de leurs plaisirs énervants à la longue, il est vrai, mais cependant assez rarement capables de produire sur eux des résultats mortels ou à peu près, sans causes étrangères, sans causes accidentelles, parmi lesquelles j'en distingue particulièrement une qui mérite quelques explications.

Tout éducateur de vers à soie est témoin, si peu qu'il veuille observer, des efforts prodigieux que font les papillons pour sortir de leur cocon. A les voir manœuvrer au moment qu'ils commencent à montrer la tête, il est impossible de ne pas se faire une juste idée de toutes les peines qu'ils éprouvent dans cette fatigante opération. Ici l'adresse seconde la force, la force aide à l'adresse, toutes deux agissent ensemble, l'une indispensable à l'autre, et la liberté est enfin conquise au moyen de l'adresse dont ils n'ont plus que faire, aux dépens de la force, seul agent qui leur soit alors nécessaire, et qui, pour être entièrement efficace dans la grande, dans la dernière épreuve qu'il va subir, aurait besoin de sortir entier, intact, de celle où vient de se consommer à pure perte et sans utilité une partie de son importante énergie, où s'anéantit même quelquefois toute sa puissance, faute d'un bien léger secours.

Faut-il s'étonner, après cela, que quelques-uns de nos papillons, plus ou moins affaiblis, plus ou moins épuisés d'avance par ce premier et pénible travail, succombent ensuite au milieu des sensualités énervantes de l'accouplement, lorsqu'ils résistent à peine aux seules fatigues que nous venons de peindre, lorsqu'il en est même qui ne peuvent les supporter? Mais où est la nécessité qu'elles existent, quand il nous est si facile de les faire disparaître, de les leur éviter dans nos intérêts, car le moyen est simple, connu; il a été essayé, pratiqué depuis longtemps; mais il est malheureusement tombé, je crois, en désuétude pour avoir paru sans doute tout à fait insignifiant, puisque le léger, le frivole embarras de l'exécuter a suffi, a été assez puissant pour y faire renoncer sans plus ample examen; l'importance en est cependant si manifeste et l'avantage si patent, à mon avis du moins, que je ne conçois guère qu'il ait pu passer inaperçu ou qu'il n'ait pas eu de suite, d'autant mieux que le raisonnement, d'accord avec les conséquences, venait au besoin lui servir de corollaire.

En effet, nous avons sous les yeux les cocons choisis pour graine, bien entendu qu'ils ont été soigneusement débourrés, étalés par couches peu épaisses, ou mis en chapelets, ou, mieux encore, fixés avec de la gomme sur des tables raboteuses: le tout dans le but unique de favoriser la sortie des papillons; preuve matérielle que nous les soupçonnons entourés d'obstacles difficiles à surmonter, et que nous avons senti l'absolue nécessité de les débarrasser, autant que possible, de leurs entraves; mais, toutes naturelles que soient les mesures prises à cet égard, il est évident qu'elles ne tranchent nullement la difficulté, et nous voyons, malgré leur emploi, nos malheureux papillons perdre fort mal à propos beaucoup de leur vigueur à préparer, à effectuer leur délivrance.

Eh bien! que ne pratiquons-nous alors, à l'un des bouts de chaque cocon choisi pour graine, une ouverture pour leur épargner la peine de la faire eux-mêmes, pour les avoir plus frais, plus dispos et complétement exempts de toute autre fatigue au moment de celle de l'accouplement? Que peut-il d'ailleurs en résulter de fâcheux pour nous?

Que peut-on alléguer de contraire à cette méthode évidemment toute rationnelle, toute décisive, toute péremptoire? Où prendre une seule raison qui puisse nous inspirer de véritables craintes sur son usage? Où trouver un seul fait qui doive la faire rejeter, où en est l'inconvénient, où en est le mal? Le raisonnement se tait, l'observation ne dit rien à l'œil, l'expérience est muette, et tout, jusqu'à notre esprit de contradiction, reste silencieux, parce que rien de bon, rien d'opportun n'apparaît pour la combattre, parce que nul prétexte de valeur ne s'élève contre, pas même celui du temps que l'on pourrait perdre à l'exécuter, attendu que le débourrage des cocons et autres préparations recommandées pour protéger les papillons dans leur sortie, en exigent tout autant et réclament également de notre part la même patience, sans avoir le même avantage.

Pour établir, maintenant, que d'elle il peut découler une des conséquences de nos succès, et que d'elle il peut jaillir une des sources principales de nos prospérités, devenant de plus en plus florissantes sous l'élan progressif des améliorations considérables qui nous arrivent de différents points, et, notamment, de toutes les sociétés séricicoles en général, des superbes magnaneries de M. d'Arbalestier, de M. Brunet de la Grange, et d'un grand nombre d'autres éducateurs également très-distingués; de celles aussi de M. Bonafous, de Turin, dont les excellents ouvrages ont fait d'habiles sériciculteurs; de celles enfin de MM. Camille Beauvais et Robinet, ces deux brillants fanaux recevant d'eux-mêmes leur splendide éclat, et posés tout resplendissants de lumière, au milieu des irrésolutions et difficultés de la science, pour servir de bons guides à quiconque s'occupe de vers à soie, il suffit de rappeler, en deux mots, qu'elle évite aux papillons un travail fatigant; car nous ne supposons pas qu'il puisse se manifester aucun doute sur la véracité de cette assertion par trop évidente pour échapper à qui que ce soit. Si

donc ils sont exclusivement dispensés de tous travaux étran-
gers à la copulation, il est clair qu'ils conserveront pour elle
bien plus d'ardeur, bien plus d'énergie, bien plus de vigueur, bien plus de résistance, et que, par conséquent, l'acte
de reproduction, qui en est la suite ou le complément,
sera consommé avec de bonnes dispositions, avec de bons
éléments et dans de bonnes conditions : c'est du moins,
ce nous semble, un argument judicieux et qui nous avait
comme tel, totalement persuadé en sa faveur, avant même
que l'expérience suivante, faite à l'effet de lui donner plus
de poids, plus de garanties, nous en eût plusieurs fois démontré la force, la valeur et toute la réalité.

Pour arriver plus sûrement à cette preuve et la faire servir de point de comparaison, tranchant, décisif, incontestable, nous avons collé, d'une part, sur une planche brute,
des cocons simples, parfaitement choisis et très-bien débourrés ; d'un autre côté, nous avons indistinctement placé
sur un autre rayon de notre atelier, des cocons doubles pris
au hasard, et nous leur avons coupé l'extrémité qui nous
a paru la plus faible, ou même les deux, ce qui vaudrait,
je crois, encore mieux, sauf la peine de plus.

Les choses ainsi disposées, et voyant que tout s'est passé
chaque fois comme nous l'avions prévu, et que des cocons
doubles, ordinairement rebutés pour graine, il est toujours
sorti lestement et sans peine, au temps dit, des papillons
bien plus propres, bien plus beaux, bien plus veloutés,
bien plus vifs et plus vigoureux que ceux qui sont passés
lentement et péniblement du dedans au dehors des cocons
que nous n'avions pas percés, c'est-à-dire, des cocons
simples, seuls admis cependant au choix, ne sommes-nous
pas autorisé à nous prononcer pertinemment sur les opinions que nous avons émises à cet égard, et pourrions-
nous être blâmé de les publier, de chercher à les répandre,
à les faire adopter, lorsque surtout nous avons, en pour-
suivant jusqu'à la fin notre épreuve, acquis l'intime convic-

tion de leur avantage réel, non par les résultats de nos éducations comparatives (on pourrait les croire mal observés, ou les soupçonner exagérés, les trouver trop peu sensibles ou les faire dépendre d'autres causes), mais par tout ce qu'il y a de plus caractéristique, de plus matériel, de plus apparent; par la couleur, par la grosseur, par le poids de la graine, signes évidents, signes certains de la qualité qu'elle possède à différents degrés; et lorsque de plus encore nous avons appris que M. Antoine Bouvet, déjà présenté par nous sous de bons auspices, et que nous citerons toujours avec confiance, avec assurance, d'après ce que nous savons, ce que nous connaissons de ses œuvres, s'était livré à de semblables expériences et avait absolument fait les mêmes remarques que nous.

Il est vrai que l'on peut ici nous opposer nos propres considérations, en ce que nous paraissons agir en dehors des indications de la nature, que nous cherchons cependant à suivre pas à pas, et qui laisse pourtant bien à ses papillons, le soin, la peine de percer le tissu nerveux qui les enveloppe, sans s'inquiéter des inconvénients que nous manifestons et que nous redoutons si fort pour eux. Mais parce qu'elle ne se trouve pas armée d'un acier tranchant pour couper d'un trait la trame serrée qui fait momentanément obstacle à leur liberté, à leur autre pressant besoin, l'amour dans toute sa violence, pense-t-on pour cela qu'elle reste inactive ou qu'elle ne se soit pas du tout occupée de procurer de l'allégement à sa créature? Qui sait si, dans l'ombre et le mystère, elle n'use pas, à cet effet, d'excellents moyens qui échappent à notre pénétration, mais qui n'en sont pas moins, peut-être, très-efficaces? Qui sait même si, par l'abondance, les qualités et les principes constituants de cette précieuse rosée de chaque nuit, portant ses bienfaits à toutes choses, elle ne fait pas, pour ainsi dire, subir aux cocons une espèce de préparation favorable et de nature à les rendre plus malléables, plus faciles à percer, plus accessibles au travail intérieur du papillon, en leur faisant perdre une partie de leur résistance? Qui sait, enfin, jusqu'où peut s'étendre l'immensité de ses ressources secrètes?

Et, d'ailleurs encore, est-ce que ses papillons ne sont pas plus vigoureux que les nôtres, et, par conséquent, plus capables de triompher des obstacles qu'ils ont à surmonter? est-ce qu'avec les excellents, les infaillibles moyens mis à sa disposition pour aboutir aux fins qui lui sont assignées, elle a besoin d'aussi bons éléments que nous? est-ce que ses succès à elle dépendent du plus ou moins de papillons qui peuvent ou ne peuvent pas bien sortir de leur enveloppe, et du plus ou moins de cocons qui doivent ou ne doivent pas résulter de leur graine et dont elle n'a que faire? Assez riche, en effet, de ses espèces, que lui importe qu'elles produisent plus ou moins, pourvu qu'elles se conservent pures, qu'elles se régénèrent races primitives? Sa réussite est là tout entière, rien de plus n'est exigé d'elle, et le décret éternel est accompli.

A nous, au contraire, c'est de l'argent, beaucoup d'argent qu'il nous faut; car ne nous flattons pas, l'intérêt est le seul mobile de toutes nos spéculations, de tous nos travaux; c'est donc alors ici beaucoup de cocons, immensément de cocons qu'il nous faut, ou le but unique auquel nous tendons n'est qu'imparfaitement rempli; et, soyons-en bien convaincus, il ne sera pas complétement satisfait si nous négligeons, si nous ne savons mettre à profit un des rares avantages, le seul avantage peut-être qui nous soit donné sur elle.

Eh quoi! quelques fils, quelques brins de soie sont cause qu'un insecte, dont une bonne reproduction nous donnerait plus tard de gros bénéfices, s'agite, se débat, s'épuise, s'anéantit pour les écarter ou les user et lui livrer passage, et nous pouvons froidement envisager tout ce qu'ils lui font souffrir, sans penser le moins du monde à les rompre, à les couper nous-mêmes. Mais si ce n'est là imiter la nature , c'est alors mieux , car c'est la seconder , c'est venir puissamment à son aide , c'est prévenir ses désirs suffisamment indiqués par tous les efforts que fait sa créature pour sortir triomphante de cette pénible épreuve , c'est aussi la soulager dans ses propres fonctions , c'est évidemment travailler de concert avec elle , c'est exécuter ses desseins et faire enfin ce qu'elle fait , peut-être secrètement , d'une autre manière que nous.

Eh ! que serait-il souvent de nous-mêmes , si nous ne tendions quelquefois la main à ce pauvre , à ce faible enfant qui , sans elle , pourrait perdre la vie au moment de gagner lui aussi la liberté ?

O précieuse liberté de tous les âges , de toutes les époques , de toutes les conditions ! que tu coûtes cher à conquérir , et qu'il faut que tu sois attrayante , sous quelque face , en quelque façon qu'on te considère ; qu'alors il doit être doux de la donner , et que nous ayons , à mon avis , peu de sens de ne pas protéger celle d'où dépend en partie le principal agent de nos actions , notre intérêt ; cet intérêt dérivant visiblement ici d'une bonne graine de vers à soie , résultat immédiat de bons papillons devenus libres sans perdre de leurs forces , de leurs attributions , et puissante auxiliaire, base essentielle , base indispensable d'heureuses, de lucratives éducations.

Et cela est si vrai , ce principe fondamental est si rationnel , et de plus si rassurant , si avantageux pour nous, qu'il est réellement inconcevable , qu'il est même très-fâcheux que des éducateurs expérimentés , puissent, osent encore mettre à l'incubation une graine dont ils ne sont pas parfaitement sûrs , ou dont ils n'ont pas eux-mêmes sévèrement dirigé la confection d'après les méthodes qui présentent le plus de naturel ; car , non-seulement ils s'exposent , par l'inobservance de ces utiles et prudentes précautions , à tous les désagréments d'une mauvaise édu-

cation , mais encore ils peuvent, par l'étendue de leur revers , refroidir singulièrement le zèle, paralyser le goût
naissant de nouveaux sériciculteurs , de nouveaux partisans , et fournir en outre contre notre intéressante industrie de terribles armes à ses méchants détracteurs.

Pour moi , qui me suis vu depuis longtemps en butte à
ces dangereux fléaux, véritable peste qu'on ne saurait assez
réprouver, assez faire connaître, et qui, de plus, ai perdu
cette année presque tous mes vers pour les avoir malheureusement obtenus, suivant toute apparence , d'œufs achetés
au hasard, ne pouvant faire autrement, j'éprouve le besoin,
mal à propos peut-être , de reproduire ici , à peu près en
ses termes, une lettre que j'eus l'honneur d'écrire à ce sujet , le 30 juillet 1846, à M. Frédéric de Boullenois, secrétaire de la société séricicole de Paris, afin de constater par
des faits et quelques vérités , l'inconvénient d'une mauvaise graine et de ces mauvais hommes, ennemis jurés de
tout ce qu'ils ne peuvent ou ne savent pas faire , de tout ce
qu'ils ne peuvent pas comprendre , de tout ce qui est généralement enfin au-dessus de leur portée.

« Monsieur ,

» J'ai reçu dans son temps et par vos soins , le neuvième
volume des Annales de la société séricicole de Paris; je l'ai
lu avec beaucoup de plaisir ainsi que les premiers que vous
aviez eu la bonté de me donner à notre dernière entrevue
qui reste gravée dans mon esprit et me rappelle à chaque
instant votre affectueuse aménité , l'agrément de vos rapports, votre ardente sollicitude pour les vers à soie , vos
louables et nobles efforts à en propager le goût, à faire
connaître les moyens de les bien élever.

» Ce beau recueil d'observations théoriques et pratiques ,
cette immense collection de faits habilement présentés , ou
plutôt ce précieux travail que vous dirigez avec tant de

zèle et de talent, me paraît appelé à rendre de grands services au public. Comme tel, il m'a vivement intéressé, et je paye, en conséquence, de bon cœur, mon juste tribut d'admiration aux personnes recommandables qui en fournissent les importants articles, et qui conduisent rapidement la France vers une haute destinée industrielle, sous l'aile tutélaire et protectrice de son illustre souverain. Honneur donc, honneur à qui protége et connaît si bien les arts, honneur également à vous, à d'autres, pour la même cause, et puis gratitude bien sincère de ma part pour votre bon souvenir, pour votre aimable attention, dont je vous sais d'autant plus de gré, que, peu connu de vous et du monde, j'étais loin de m'attendre au don de vos précieuses Annales.

» En effet, modeste par caractère et par habitude, je n'ai jamais aimé à me mettre en évidence, et j'ai toujours timidement émis mes opinions, sans chercher à me les attribuer : dans le cours de ma vie semée d'écueils et de revers, quoique sans cesse occupée du bien-être général, j'ai vu souvent mes idées profiter à autrui, et je m'en suis réjoui par la pensée intérieure de n'avoir pas été une complète inutilité, assez triste satisfaction, si l'on veut, mais qui n'en était pas moins une pour moi qui me suis toujours contenté de peu.

» Plus tard, je me livrai, par goût et par conviction, à l'industrie séricicole, à cet art, dont les moindres particularités sont choses miraculeuses qui décèlent à l'œil de l'observateur toute l'immensité du Créateur, tout l'appareil d'agréables, de vastes spéculations : eh bien ! là où j'espérais enfin, à l'abri de toute autre tempête, pouvoir élever paisiblement le précieux insecte qui nous donne de si beaux tissus de soie, et dont l'existence, frêle ou robuste selon nos soins, est une suite continuelle d'étonnants, d'attachants phénomènes, captive toute notre attention, pique énergiquement notre curiosité, remue nos cœurs par de vi-

brantes émotions, et suspend, pour ainsi dire, momentanément tout le charme de nos autres plaisirs, tout l'embarras de nos autres occupations, de nos autres travaux,
tout autre sujet de craintes, tout autre motif de chagrin,
tant elle est pour nous intéressante et chère, tant elle laisse
ordinairement de satisfaction après elle. Eh bien ! là cependant encore, je n'ai rencontré que des tribulations pleines
d'amertumes.

» Ce n'est pas que je veuille ici me plaindre de quelques
pertes que j'aurais pu faire certaines années, et notamment
celle-ci, où j'ai presque complétement échoué ; oh ! non,
puisque d'éclatants triomphes effacent mes défaites, auxquelles je ne penserais déjà plus, s'il n'existait en elles-
mêmes matière à fournir d'excellentes leçons.

» Un échec n'est pas toujours un malheur, le succès en
est souvent un ; le premier nous afflige, mais il nous excite
naturellement à rechercher avec soin les causes qui le produisent, et de cette recherche attentive, il résulte très-souvent la connaissance du préservatif ; le second, il est vrai,
nous enivre de bonheur et de joie, et nous comble de richesses, mais il nous a rendus si confiants en nos méthodes,
que parfois, au milieu du danger, au moment décisif et critique, il nous trouve inhabiles à la parade ou sans moyens
de défense.

» Au reste, ces pertes ont été très-minimes, et peuvent
tenir en outre à différentes circonstances de nature à ne
m'influencer que médiocrement sur une opération reconnue généralement avantageuse ; elles peuvent dériver du
local où j'élève mes vers, de ma propre faute peut-être, et
alors je n'ai pas à m'en plaindre ; j'ai seulement à mieux
étudier les maladies qui sévissent le plus habituellement
dans ma magnanerie, afin de pouvoir les éviter à l'avenir.

» Mais ce qui me contrarie, c'est d'être la risée, le jouet
continuel de quelques-uns de mes compatriotes, pour avoir
planté des mûriers blancs dans des contrées où personne

encore ne s'était avisé de tenter pareille innovation, d'où résulte, selon eux, la preuve incontestable que la spéculation est vicieuse : belle et puissante raison, ma foi ; mais enfin telle quelle, elle est goûtée, colportée par mes détracteurs, et ne m'y rendant pas, je suis à leur sens un véritable énergumène, attendu que tout innovateur est en général sévèrement jugé dans un pays éloigné des arts et des sciences, s'il n'est pas riche ou s'il n'a reçu quelque marque distinctive pour ses bonnes intentions ou ses bons services ; car, quoiqu'on en dise, l'honneur sans argent n'est pas heureusement de nos jours un meuble inutile, pas plus que l'argent sans honneur, malheureusement.

» Cependant, comme mes mûriers commencent à devenir beaux, qu'ils promettent dorénavant beaucoup de feuilles, et que par conséquent je pourrai m'adonner à des éducations plus grandes, plus séduisantes alors pour le commun des hommes, en ce qu'elles peuvent laisser de gros bénéfices (seul appât avec lequel on peut faire entrer enfin les sots dans la voie des innovations, et seul moyen de modérer en outre les terribles effets de cette machine infernale qu'on appelle la langue, qui, soit dit sans malice, mais non sans cause, est ordinairement chez eux d'une action, d'une puissance bien redoutables, et d'une excessive mobilité, quand il s'agit d'insinuer le fiel pénétrant de la calomnie); comme aussi les nouvelles et bonnes méthodes que vous et d'autres auteurs illustres introduisez tous les jours dans l'art séricicole, en rendent les succès plus certains et plus brillants, j'espère bientôt, en les suivant avec confiance, avec soin, avec zèle, prouver, par des produits bien supérieurs à tous autres produits de la terre, qu'au lieu d'avoir fait une fausse, une extravagante opération (ainsi que le prétendent et le publient partout les personnes qui la blâment et s'en moquent amèrement, sans la connaître, sans pouvoir même la juger), j'aurai au contraire doublé, triplé mes modestes revenus, j'aurai marché sur les traces d'hommes éminemment sages, prudents, entendant parfaitement le fort et le faible de l'économie rurale et industrielle, incapables de se jeter inconsidérément dans des entreprises aventureuses, n'agissant enfin que d'après des principes mûrement examinés, savamment discutés, sérieusement approfondis.

» Cessant peut-être alors d'être en butte à de pénibles persécutions, je serais doublement satisfait, si, par mon exemple, par ma persévérance et ma profession de foi, je pouvais faire gagner quelques partisans de plus à l'industrie qui nous occupe, non que je la conseille sur une trop grande échelle, car il n'y a rien de continuellement positif dans ce bas monde, et si je suis entièrement convaincu qu'elle est susceptible de donner presque toujours d'étonnants bénéfices, je ne dis pas qu'elle ne soit jamais sujette à des événements défavorables.

» Témoin l'échec que je viens d'essuyer, sans que je puisse en déterminer précisément la véritable cause; en effet, dois-je me l'attribuer à moi-même, ou tient-il à des circonstances que je ne pouvais éviter.

» D'abord je crus, et cela est fort possible, que ma feuille, assez développée dès le 6 mai pour m'engager à faire éclore mes vers, étant restée stationnaire pendant une quinzaine de jours par suite du mauvais temps qui avait constamment régné jusqu'au 23 mai, elle était probablement devenue de mauvaise qualité, à en juger par sa teinte jaunâtre : dès lors je commençai à mal augurer de cette éducation, quoique rien encore ne parût bien clairement justifier mes appréhensions, et je l'eusse volontiers sacrifiée de suite, si j'avais eu d'autre graine à ma disposition, ou si je n'eusse désiré continuer quelques essais commencés dans un but d'utilité publique.

» Quelques jours après, je crus ensuite, et cela est encore possible, que, sous l'influence énergique d'une chaleur excessive subitement survenue, ma feuille ayant poussé trop vite pour n'être pas trop tendre, elle ne fournissait pas aux vers une alimentation assez substantielle coïncidant avec leur âge déjà très-avancé; et la preuve, je le crois du moins, c'est qu'ils étaient mous et faibles; c'est que, toutes choses égales d'ailleurs, et comme pour suppléer à la qualité par la quantité, il me semblait qu'ils mangeaient beaucoup plus que ne le font ordinairement les vers à soie, si toutefois je ne me suis pas trompé dans cette remarque que je crois cependant exacte, quoiqu'elle n'ait été comparative que par ressouvenir ou par aperçu, d'où l'on peut conclure qu'ils seraient peut-être arrivés à bonne et heureuse fin, si, ne me fiant pas à la précocité, au développement de ma feuille, j'avais su différer de dix à douze jours l'incubation de ma graine.

» Un peu plus tard, c'est-à-dire au cinquième âge, voyant cependant qu'une mortalité générale s'était emparée de mon atelier, et qu'elle allait toujours croissant malgré les soins les plus attentifs, malgré des délitements renouvelés à chaque instant, malgré tout ce qu'on peut faire enfin en pareille circonstance, je dus rechercher d'autres causes à ce fléau dévastateur, parce qu'il me paraissait vraiment impossible que celles dont je viens de faire mention pussent seules exercer de semblables ravages.

» J'examinai donc bien sérieusement si, dans mon système de chauffage ou d'aérage, il n'existait pas quelque chose d'assez défectueux pour produire ce déplorable effet, si, dans les différentes expériences que j'avais tentées, je n'avais rien fait d'essentiellement contraire à la santé des vers, si je n'avais pas enfin commis quelque faute capitale portant avec elle le germe de la destruction ; mais l'homme est tel qu'il veut rarement avoir tort, et j'imputai, en conséquence, la majeure partie de mes désastres à la graine qui m'avait été cédée par la personne chargée de diriger le vaste et superbe établissement sérigène de M. de la Chapelle de Bergoide (Haute-Loire).

» Maintenant pourrai-je donner à l'appui de cette conjecture quelques explications satisfaisantes? Est-elle le résultat d'observations capables d'inspirer de la confiance,
ou bien n'est-elle qu'une simple supposition lancée légèrement au hasard et fondée sur nulle apparence de réalité ?

» Dans un art où les faits se présentent rarement les
mêmes, et quand l'homme savant, appelant à son aide
tous ses calculs, toutes ses combinaisons, toutes ses expériences, tout son savoir; quand le magnanier actif, l'observateur intelligent, redoublant d'efforts et de moyens au
milieu d'une foule infinie de véritables protées changeant
à tous moments d'allure, ne peuvent avec les soins et les
méthodes qui leur ont valu de nombreux succès, arrêter le
mal qui dévaste parfois leurs magnaneries, il est bien difficile à l'éducateur peu éclairé d'assigner des causes plausibles à des effets si différents d'eux-mêmes; et je douterais
en conséquence de la réalité de ma dernière assertion, si
M. de la Chapelle de Bergoide qui n'a pas fait d'essais
aventureux, qui a de bons calorifères, des cheminées d'appel bien organisées, un tarare fonctionnant parfaitement,
un magnanier fort habile et très-soigneux, qui a tout ce
qu'il faut enfin pour réussir, n'avait, avec la même graine,
éprouvé la même défection que moi, et si, de plus, je
n'avais appris particulièrement de M. Auguste Bouvet de
Lempdes, excellent magnanier de M. Bardy d'Auzon, département de la Haute-Loire, le fait suivant que je livre
sans commentaires à vos judicieuses observations, à votre
pénétrante sagacité, et qui mérite certes bien d'être rapporté, parce qu'il me paraît trop remarquable, trop sail-
lant, pour ne pas être suivi d'une pleine conviction, d'une
approbation générale.

» 450 grammes de graine ont été mis à l'éclosion, le 5 mai
1846, par cet habile magnanier, savoir : 200 grammes
achetés dans une maison sûre et à bonne renommée, et

250 grammes retenus sur une plus grande quantité qu'il s'était procurée au hasard chez différents éducateurs du Midi, et sur laquelle aussi M. de la Chapelle et moi avions malheureusement pris celle qui nous était à chacun nécessaire dans des proportions bien disparates. Les vers provenant de ces deux espèces de graine ont été tenus constamment séparés chez M. Bardy ; mais ils ont été élevés dans le même appartement, nourris avec la même feuille et ont absolument reçu les mêmes soins : cependant les 200 grammes ont produit 415 kilos de bons cocons, tandis que les 250 n'en ont produit que 100 kilos de mauvaise qualité, résultat bien différent, contraste vraiment frappant et décisif, qui me prouvent d'abord que je ne m'étais réellement pas trompé dans la dernière allégation de mon échec, et qui nous démontrent clairement ensuite combien la graine exerce d'influence dans nos magnaneries, combien il est essentiel de la faire soi-même, combien il est important surtout de la faire ou de l'avoir bonne, sinon pas d'éducations possibles, et une éducation manquée n'est pas seulement une perte, elle est encore chose pénible et affligeante.

» Pour mon compte, j'y suis d'autant plus sensible cette année que je me suis vu privé d'un grand plaisir que je m'étais fait à l'avance, celui de vous envoyer un kilo de cocons, à l'effet de soumettre à votre parfaite connaissance, à celle de vos honorables confrères la bonne qualité que j'obtiens ordinairement, et que je n'attribue certes qu'à la bonté de ma feuille provenant toute, je l'ai dit autre part, de mûriers sauvageons exposés en plein midi et plantés à grands frais et au moyen de travaux inouïs, dans une côte majestueusement couronnée au nord par une superbe colonnade basaltique qui a fait l'admiration de célèbres naturalistes ; entièrement hérissée, avant mon entreprise, d'énormes basaltes, résultat affreux d'antiques avalanches qui peuvent malheureusement se renouveler ; absolument dépouillée, à cette même époque, de toute trace de végétation, inaccessible même à l'homme, et dont naguère encore l'effrayant aspect de rapidité et de tristesse a fait place, comme par enchantement, à des terrasses très–fertiles et assez riantes, pour engager le monde joyeux à venir y épancher sa folâtre gaîté; assez belles pour attirer de curieux amateurs et l'oisif comme l'homme occupé; assez imposantes pour convier le solitaire, le malheureux à y porter ses méditations et son recueillement; assez agréables pour adoucir parfois les peines d'une âme sensible qui n'a pas été du tout comprise, qui a été bien cruellement éprouvée par le sort, bien injustement traitée par certains hommes, mais qui ne s'en prend à rien, et qui n'en veut à personne, parce que telle était sans doute sa destinée, cette destinée de tous les êtres vers laquelle ils sont tous entraînés sans pouvoir l'éviter ou la manquer, quoi qu'ils fassent pour ou contre.

» Mais grâce, je vous prie, pour cette digression à propos de vers à soie; seuls en effet ils devaient nous occuper ici, et j'y reviendrais de suite avec plaisir, si cette lettre n'était déjà trop longue, ou si je n'avais l'espérance de pouvoir tôt ou tard exposer, sur leur économie domestique et naturelle, quelques idées qui me sont venues d'un goût particulier de recherches ou d'une série d'observations basées, j'ose du moins le croire, sur un principe spécieux, sur l'état primitif de l'insecte, point de départ qui doit nous mener pas à pas à la découverte, à la notion de ses coutumes, de ses habitudes instinctives, les seules qui puissent être véritablement rationnelles, les seules, en conséquence, qui puissent nous conduire à des résultats satisfaisants.

» Cependant lorsque je réfléchis que vous et tant d'autres excellents auteurs avez dit de si belles, de si bonnes choses sur cet intéressant sujet, je reconnais alors toute mon insuffisance, et je ne songe plus qu'à me tenir à l'écart; néanmoins, comme d'un esprit peu cultivé et très-ordinaire, il peut sortir une pensée utile , il me semble qu'elle ne lui appartient plus, et qu'il la doit au public telle quelle

» C'est dans cet état d'indécision, dans cet état de craintes et de désirs qui m'impressionnent vivement tour à tour en sens divers, que j'ai l'honneur, etc..... »

CHAPITRE II.

Ainsi donc, osant et n'osant pas livrer mes opinions au public qui en sait à tous égards bien plus que moi, espérant et n'espérant pas pouvoir doter l'industrie séricicole de certains progrès qui s'opéreraient probablement bien sans moi, je suis aujourd'hui revenu, comme je le faisais alors timidement pressentir dans cette lettre, aux vers à soie, à ces précieux insectes auxquels on revient toujours avec plaisir, et qu'on ne saurait élever une fois sans s'y attacher d'une manière toute particulière, sans désirer vivement les époques périodiques de leur éducation, sans attendre impatiemment le moment où, brisant leur coque, ils vont devenir l'objet presque spécial de nos soins attentifs, de notre affection grandissant progressivement avec eux, c'est-à-dire à mesure qu'ils nous donnent de plus en plus de peines, de tourments, de fatigues : aussi de quels regrets ne sommes-nous pas assaillis? à quelle douleur ne sommes-nous pas en proie? et quel n'est pas notre désappointement, lorsque, sur le point de nous dédommager de nos frais, de nos veilles, de toutes nos attentions, de toutes nos perplexités; lorsque près de satisfaire enfin toutes nos espérances d'intérêt et d'amour-propre ou de pure satisfaction, ils restent faibles, languissants sur les litières infectées, et succombent par milliers des suites d'une incubation vicieuse ou d'une éducation négligée, et le plus souvent aussi parce qu'ils sont issus, parce qu'ils proviennent d'une mauvaise graine, quoique pouvant être très-bien faite, car il ne suffit pas de savoir l'obtenir bonne par tel ou tel autre procédé indiqué, recommandé, préconisé, il faut en outre avoir la précaution et prendre les moyens de la conserver telle pour rendre au moins le succès possible?

C'est là un de ces principes généraux qui sont matériellement positifs et que personne ne cherche à contester; en conséquence, tous les auteurs l'admettent et le considèrent même comme d'une indispensable nécessité, mais tous n'y visent pas, ne l'exécutent pas de même, et nul n'est, ce nous semble, dans le vrai, nul n'est ici d'accord avec soi-même, avec la nature; de sorte que nous nous trouvons malheureusement encore sur ce point important en contradiction manifeste avec les sommités de la science séricicole, nous simple et tout petit éducateur, relégué dans un misérable coin de la terre, dans un pauvre endroit, où les arts sont à peu près inconnus et ne sont guère prisés. C'est beaucoup d'audace, en vérité, que d'oser combattre des opinions que de savants sériciculteurs ont émises; mais le champ de l'observation est ouvert à tout le monde, et ce champ livré sans cesse à la discrétion de chacun et qui ne fut en aucun temps ingrat ni rétif, ce champ qui ne s'épuise pas, qui est toujours neuf et qu'on ne cultive jamais en vain, ce champ qui ne trompe personne et qui fournit abondamment à qui le fouille, à qui l'explore convenablement, ce champ où les uns se plaisent à cueillir des fleurs et les autres des fruits, où ceux-ci moissonnent des lauriers, où ceux-là vont puiser de l'or, sans pourtant, pas plus les uns que les autres, y laisser la moindre lacune, y faire la moindre brèche, tant il est vaste et fécond; ce champ, dirai-je, nous a paru si fertile à nous aussi, que, désireux à notre tour d'y glaner modestement quelque peu de ses produits naturels, nous avons été pour ainsi dire tenté d'y jeter quelque peu de semence sans apprêt et sans art.

Laissant donc notre graine de vers à soie, étalée, glutinée une à une sur les toiles fines que nous avons, avant la ponte, parfaitement bien tendues à certaine distance des murailles pour la préserver de la glaciale et latente humi-

dité dont rarement elles sont complétement exemptes,
nous ne cherchons plus, depuis la décisive anecdote que
nous allons mettre sous les yeux de nos lecteurs, à la garantir des chaleurs de l'été, et nous entretenons ensuite autour d'elle, pendant l'hiver et jusqu'au moment où nous
voulons la faire éclore, une température qui varie de 5 à 10
degrés centigrades au-dessus de 0 glace, selon qu'il est nuit
ou qu'il est jour.

En cela, nous opérons évidemment, il est vrai, contre les
principes, contre les avis de presque tous les auteurs qui
recommandent, en effet, très-expressément de la déposer,
au contraire, dans un endroit très-frais et d'une température uniforme, aussitôt qu'elle est revêtue de sa brillante
couleur gris-ardoise : il en est même qui vont plus loin, et
qui conseillent de la soumettre à l'action de la gelée ou d'un
froid excessif, afin d'empêcher, jusqu'au temps dit, l'évaporation du liquide qu'elle renferme. Cela peut être bien,
puisque de grands hommes l'ont adopté et le professent;
mais, d'après le succès inouï, frappant, probablement unique en son genre, à coup sûr étonnant, qui nous est ar-
rivé à l'improviste, et qui porte avec lui tous les caractères
d'une originalité sans exemple et d'un fait sans réplique,
nous nous croyons suffisamment autorisé à penser, à dire,
à faire précisément tout le contraire de ce qui nous est
ordonné par nos meilleurs éducateurs de vers à soie.

Dans le courant du mois de juillet 1841, je conçus
l'idée, en voyant ma feuille de mûrier si belle, si tendre
et si fraîche, de tenter un essai sur les éducations tardives
ou automnales. La difficulté était d'obtenir de la graine qui
pût éclore convenablement, et je pensai alors, non pas à
de la graine conservée dans des glacières (je n'y ai jamais
eu de confiance), mais à celle de vers dits Trevoltini; en
conséquence, je priai instamment un des conducteurs des
diligences établies sur la route de Clermont-Ferrand à
Montpellier, de me porter à son retour vingt-cinq grammes
de cette graine; et, dans la crainte d'un oubli ou d'une

rreur de sa part, je lui donnai à ce sujet une note très-précise. Le trois août suivant, il me remit, en effet, vingt-cinq grammes de graine, et me réclama quinze francs pour le remboursement de ses avances ou pour ses droits de commission. Je ne pus m'empêcher, en le soldant, toutefois sans la moindre difficulté, de lui témoigner néanmoins de l'étonnement sur un prix qui me paraissait dépasser le cours ordinaire de la graine de vers à soie; mais il prétendit que la variété que j'avais demandée, étant très-rare, très-recherchée, elle était par conséquent plus chère que toute autre espèce, et prétexta d'ailleurs qu'il avait été obligé de faire en outre beaucoup de démarches, beaucoup de courses pour se la procurer de personnes sûres, de personnes incapables de donner une chose pour l'autre.

Pleinement donc convaincu, d'après ce petit raisonnement très-spécieux du reste, d'avoir été bien servi et de posséder réellement la graine que je désirais, je la mis à l'instant même dans la chambre d'éclosion où la température, de seize degrés centigrades qu'elle était alors, fut progressivement augmentée pendant huit jours consécutifs, et enfin portée au quarantième degré sans pouvoir néanmoins faire naître un seul ver.

Surpris, désespéré d'un pareil incident, auquel je ne m'attendais certes pas, et même un peu colère, je l'avoue, d'entrevoir du doute sur l'espèce ou sur la qualité de cette graine, je voulais aller plus loin encore, dans l'espoir toujours de pouvoir provoquer à la fin l'éclosion désirée, lorsque j'en fus subitement empêché par une violente maladie que le bon praticien, en qui j'ai toujours eu beaucoup de confiance, attribua sans la moindre hésitation à la forte chaleur que j'avais éprouvée dans cette étuve transformée momentanément en véritable fournaise ardente.

Tout fut dès lors abandonné à regret, à contre-cœur; mais ma femme qui, comme toutes les très-bonnes femmes, il faut bien leur rendre cette justice, et bien d'autres avec, n'aime pas de son naturel que rien que ce soit se perde, eut le soin (on s'en doute aisément à cette pensée, et elle fit fort bien, ainsi que la preuve en ressortit plus tard), de ramasser cette graine régulièrement éparpillée sur du papier pour rendre son éclosion plus égale, l'enferma soigneusement dans la même petite boîte où elle avait été transportée de Montpellier ou lieux circonvoisins, et fut la déposer, sans me le dire, sans qu'elle m'en ait ensuite jamais parlé, dans un tiroir de son secrétaire placé non loin d'un poêle qui entretint continuellement dans notre appartement, jusqu'à la mi-avril, une chaleur environ de seize à dix-huit degrés, si ce n'est pendant la nuit qu'il s'éteignait de lui-même, et que la température retombait naturellement alors à quatre ou cinq degrés au-dessus de 0 glace, et quelquefois peut-être un peu plus bas, attendu que ledit appartement situé au rez-de-chaussée, est ordinairement très-frais.

Cependant le joli mois de mai arrive, et avec lui l'intéressante feuille de mûrier ; il était déjà temps de songer à l'incubation ; je mandai en conséquence la magnanière accoutumée, et, le onze courant, je disposai dans la chambre d'éclosion quatre-vingt-treize grammes de ma graine que j'avais tenue dans un lieu constamment froid, pour me conformer aux règles établies depuis des siècles.

De son côté, ma femme arrive aussi, une petite boîte à la main, et m'aborde d'un air si satisfait et si riant, que j'en augurai de suite une agréable surprise de sa part, ou une bonne nouvelle ; je crus même un moment que c'était encore mieux que cela ; car, à l'entendre, il n'y avait pas d'homme heureux comme moi sur la terre ; personne au monde ne possédait une femme plus soigneuse, n'ayant que mes intérêts en vue, que mes plaisirs à cœur, ne pensant enfin qu'à me procurer des moyens de prospérité.

Je ne dis pas non, et je le crois même très-sincèrement ; mais n'est-ce pas à peu près aussi la pensée intime, le désir ardent ou tout au moins le doux, le pathétique refrain de toutes nos bonnes compagnes, et cependant, et soit dit sans malice et sans cause, certains maris n'auraient-ils rien à rogner, rien à retrancher sur d'aussi bienveillantes protestations. Quoi qu'il en soit de cela et d'autres choses, je dus à la mienne, je dus à ses soins, à son jugement, à son intelligence (et je l'en remercie et le confesse à sa louange et gloire), un succès inattendu et le bonheur de pouvoir en donner connaissance au public. En définitive, la petite boîte en question passe mystérieusement de ses mains dans les miennes; je l'observe, je l'ouvre avec empressement, et je me rappelle aussitôt la fameuse graine qu'on m'avait envoyée pour de la graine de vers dits Trevoltini; je me rappelle la chaleur extraordinaire à laquelle je l'avais antérieurement soumise, je me rappelle la cruelle mystification qu'elle m'avait fait éprouver, le dépit qu'elle m'avait causé, la maladie qu'elle m'avait occasionnée, tout me la retrace sous de fâcheux antécédents; et peu s'en fallut que je la jetasse par la fenêtre, tant j'avais conçu d'antipathie contre elle, tant je la soupçonnais avariée par l'épreuve terrible qu'elle avait subie.

Etonnée de ma vive impatience contre cette graine dont elle avait si bonne opinion, ma femme cherche, par la persuasion, à me faire entrevoir qu'ayant reçu dans notre appartement comme dans sa patrie, l'influence alternative de la chaleur et de la fraîcheur, elle devait nécessairement avoir conservé toutes les qualités qu'elle possédait au moment de sa confection. Selon moi, selon tous les éducateurs de vers à soie, selon l'état actuel de nos connaissances sérigènes, c'était un sujet plausible pour qu'elle ne valût plus rien; suivant ma femme, suivant les mœurs et les habitudes de nos précieux insectes, suivant les lois immuables qui les régissent, c'était un motif authentique pour qu'elle fût excellente; je soutiens le contraire, ma femme insiste pour, je persiste contre; et, d'insistances en persistances, nous nous éloignons de toute solution, parce que nous croyons l'un et l'autre avoir décidément raison ; elle , se basant, avec bon sens , sur les lois infaillibles de la nature qui traite sa graine de vers à soie comme avait été, pour ainsi dire, traitée celle qui faisait entre nous l'objet de cette discussion sans aigreur ; et moi , ne pouvant, en quelque façon , m'appuyer que sur les préceptes douteux de l'homme qui fait précisément tout l'opposé de ce qu'il faudrait qu'il fît en cette occasion , ainsi que dans bien d'autres malheureusement ; elle, par conséquent, dans le vrai , et moi dans le faux ; à elle alors tous les droits de la persistance , à moi donc tous les torts de la résistance, sans que je voulusse pour cela me rendre à l'évidence , tant je me croyais fort, tant je me croyais sûr de mon fragile et frivole appui , tant j'avais de confiance en ses fondations éphémères et vicieuses. Mais, plus fine que moi, plus persuasive ou mieux comprise dans ses principes , elle gagne la magnanière qui était jusque-là restée partie neutre, la vante , la flatte sur son habileté , sur ses talents séricicoles, sur sa longue expérience , la met de son côté , et, toutes deux , à l'envi, me tourmentent ou me prient tour à tour en faveur de cette graine dont elles avaient, à bon droit, si chaudement épousé la défense , et que j'envisageais injustement d'un bien mauvais œil ; c'est alors un véritable flux et reflux de raisons opposées, c'est à qui mieux mieux ; et, j'eus beau dire et beau faire , j'eus beau leur représenter , le plus éloquemment possible, que cette graine ayant été totalement détériorée par une chaleur excessive, il était à peu près certain qu'elle ne donnerait que de fâcheux résultats , qu'il serait, en conséquence, très-imprudent, très-irrationnel d'élever des sujets dont les produits ne pouvaient pas être satisfaisants, et que d'ailleurs il était à craindre , qu'il était même probable que la feuille venant à manquer à cause d'eux, il en rejaillirait un préjudice notable, irréparable, sur l'éducation principale.

Eh bien ! ce langage, qu'eût à peu près tenu tout bon éducateur à ma place, mais qui n'était pas du tout celui de la réalité ; ce raisonnement puisé dans les œuvres écrites des savants, dans les Annales spéciales de la science séricicole, mais qui n'était pas non plus d'accord avec les règles stables de la nature, fort heureusement ne prévalurent pas, et je ne rencontrai, Dieu merci, qu'obstacles sans cesse renaissants, qu'opposition de plus en plus invincible. Je revins néanmoins à la charge, et sous la domination puissante, dans l'engouement naturel de notre art, j'alléguai de nouveaux arguments pris à sa source ; mais eussé-je même osé, toujours au nom et sous le patronage de cet art que je croyais alors positif, exempt d'erreur, employer la volonté de l'homme, cette volonté bizarre, inconvenante, qui choque l'oreille comme la raison, et ne va, ne sied bien à personne ; impuissante et vaine, elle eût également été brisée net contre tête de femme convaincue, cet écueil dont on ne saurait s'approcher sans faire complet naufrage ; car, ainsi que chacun sait, ce que femme veut Dieu le veut, et il fallut bien, moi qui ne suis qu'une ombre, vouloir, en conséquence, ce que voulut la mienne ; non cependant qu'elle soit plus opiniâtre que toute autre ; il ne paraît pas y avoir, sur ce point, une grande différence entre elles toutes ; et le meilleur en pareil cas est, je crois, de céder, si l'on veut s'épargner peine et débats inutiles. Je cédai donc, bon gré, malgré, mais intérieurement résolu de me défaire insensiblement, à la dérobée, des vers qui naîtraient indubitablement avortons de cette graine, objet de toute ma méfiance, pour avoir été d'abord soumise à une première, à une si rude épreuve d'éclosion anticipée, en second lieu pour avoir été chaudement hivernée.

Tout en me félicitant donc de cette idée, je commençai secrètement à l'exécuter, dès le lendemain matin, sur une petite partie de vers déjà presque tous spontanément éclos à la simple chaleur de quatorze degrés centigrades, ce qui finit de me confirmer dans la mauvaise opinion que j'avais conçue de cette graine ; mais la magnanière, rusée gaillarde, s'il en fut jamais, s'en aperçut ou s'en douta, et, sur son rapport, peut-être même exagéré, il me fut fait par mon excellente femme, légère menace de réciprocité et d'affectueux reproches, de sorte que je m'arrêtai là, crainte de représailles, crainte surtout d'affliger davantage sa belle âme que je connais fort impressionnable et très-sensible.

Au surplus, je pensais que les maladies allaient faire incessamment justice de ces vers, et que j'en serais ainsi bientôt délivré par elles, sans qu'il fût besoin de m'en débarrasser moi-même; mais, ô surprise agréable! ô doux ressouvenir! ô providence magnifique! ces vers deviennent superbes à vue d'œil; et ils étaient, en effet, si beaux, si gros à la fin du quatrième âge, que je les pris réellement pour des vers de trois mues, et que je les crus en conséquence prêts à monter au bois.

Cependant ils s'endorment, contre mon attente, et huit jours plus tard, ils déploient, à notre grande satisfaction, une vigueur étonnante pour grimper à la bruyère. C'est là qu'ils étalent à nos yeux toute la splendeur de leurs riches produits et toutes les perfections de leur admirable instinct. En vérité, je n'ai jamais rien vu de semblable, et si l'on ne me taxe d'exagération, on sera surpris, émerveillé soi-même, d'apprendre que de ces vingt-cinq grammes de graine, pour ainsi dire brûlée d'abord, puis chauffée tout l'hiver, et sur laquelle il faut distraire encore ce que j'avais malheureusement jeté dans une funeste persuasion d'avarie, j'aie obtenu cinquante-trois kilos d'énormes cocons, dont trois cents pesaient communément le kilo, tandis que les quatre-vingt-treize grammes de ma graine, que j'avais tenue dans un endroit plutôt froid que frais, ne m'en ont donné que cent quarante-trois kilos, et qu'il m'en a généralement fallu cinq cent cinquante pour faire ou former le kilo.

Voilà, certes, bien un fait qui résout péremptoirement le principe par l'expérience, après l'avoir posé par vrai ha-

sard, par pure aventure ; empreint du sceau de la persuasion, conséquence naturelle d'un si grand succès, il ébranle
toutes les convictions contraires, et vaut à lui seul toutes
les argumentations du monde ; parce que, haut, grandiose,
imposant et debout devant elles, ou fièrement assis sur son
œuvre triomphale, il ne leur offre pas de prise, et répond
victorieusement à toutes, en se montrant plus caractéristique, plus positif, plus riche qu'elles.

Eh ! que, pour en atténuer l'importance, ou faire prévaloir des opinions opposées et toutes conjecturales, incer-
taines, erronées, quoique dérivant sans doute d'expéri-
mentations soigneusement exécutées, on ne vienne pas
contester sa véracité, ou prétendre qu'il n'a pas été très-
bien observé, exactement noté. D'une part, je le garantis
sincère et tel qu'il vient d'être rapporté ; en second lieu,
son origine et ses circonstances furent assez remarquables,
assez extraordinaires, assez sensibles et manifestes, pour
qu'il ait pu se glisser la moindre erreur, la moindre méprise dans ses effets.

D'ailleurs, ma femme qui le fit naître, qui en a tout le
mérite et toute la gloire, qui s'en est créé un perpétuel
moyen de conviction à mon égard, qui s'en sert souvent de
prétexte pour modifier en moi les idées qui lui paraissent
exagérées, qui s'en fait un grand avantage en tout et pour
tout, et qui trouve en lui la preuve, la douce preuve, que
d'elle et de ses compagnes, il peut quelquefois jaillir de
grandes vérités au milieu de leurs agréments légers, sémil-
lants, et distribuant, semant le bonheur à pleines mains,
me l'appose, me le reproduit si souvent, m'en rafraîchit si
fréquemment la mémoire, qu'il n'est guère possible, qu'il
n'y a pas de risque que j'en oublie, que j'en perde jamais
la plus petite particularité ; car il suffit qu'une fois en sa
vie une femme ait eu raison, pour qu'elle s'en prévaille à
tout jamais, et ne veuille plus avoir tort.

Au reste, ce fait se rapporte pleinement aux conditions,

aux effets de la nature dont nous avions fortuitement suivi tous les principes, et le résultat fut, en conséquence, ce qu'il devait être à peu près, ce qu'il sera toujours chaque fois que nous règlerons nos méthodes sur les usages de ce grand, de ce parfait modèle dévoilant ses secrets à qui l'admire, l'observe et s'y confie.

En effet, dans quelques localités de l'Inde, et principalement dans quelques parties de la Chine, de ce vaste et superbe empire, sur lequel il existe des traditions et une température différentes, comme en toutes circonscriptions mal explorées, fort étendues, situées, en conséquence, sous diverses latitudes; dans quelques-unes, voulais-je dire, de ces régions plus particulièrement séricicoles, plus particulièrement la mère patrie des vers à soie, plus particulièrement chaudes, où les indigènes donnent presque le nom d'hiver à la saison fraîche et douce qui succède à leur été brûlant, et où précisément il est avéré que ces précieux insectes réussissent naturellement bien mieux que dans ces autres contrées qu'un froid plus ou moins sensible vient visiter pendant certaines époques de l'année, leur graine n'est pas, ce me semble, exposée, pour sa conservation, à l'action pénétrante de la gelée; et cependant, peu soucieux de cette manifestation toute concluante, nous voulons, au contraire, l'y soumettre exprès dans nos pays tempérés; sans quoi, nous dit-on, le travail d'organisation des œufs marchant trop vite, le développement des larves s'opérerait indubitablement trop tôt, et nous aurions des vers avant d'avoir des feuilles à leur donner, ou donc, par un froid intempestif, inopportun, il faudrait subitement en retarder l'éclosion, au moment qu'on ne pourrait l'arrêter sans danger pour eux, ou sans compromettre grièvement leur avenir et leur santé.

Qui peut cependant nous inspirer cette crainte, quand nous savons que, pendant huit mois environ, le germe reste dans une complète inertie, à quelque si forte épreuve qu'on le soumette? Il n'est donc rien qui puisse l'émouvoir jusqu'à la fin du mois de mars à peu près, dans les départements du Nord, surtout où la graine n'est pas ordinairement confectionnée avant le 15 ou 20 juillet.

Où gît alors, je le demande, l'inconvénient de la soustraire à l'action du froid jusqu'à cette époque au moins? Il n'en existe, il ne peut en exister aucuns; il en existe, au contraire, de très-graves, d'irréparables dans des précautions, dans des mesures opposées, parce qu'il est avéré, parce qu'il est notoire que le froid détériore, avarie généralement tout ce qui est originaire des régions où il n'est pas intense, comme la chaleur excessive est éminemment fatale à tout ce qui est indigène des contrées froides : chaque climat a ses animaux et ses plantes qui lui sont propres, et nous ne pourrons les conserver intacts, les voir prospérer sous un ciel étranger, nous ne pouvons espérer de bons produits de leur part, qu'en les entourant artificiellement d'une atmosphère semblable, autant que possible, à celle qu'ils ont perdue, et qu'en les replaçant à peu près enfin dans leurs conditions naturelles : c'est ici une règle sans exception, et malheur à qui voudrait s'en affranchir. Ainsi l'a voulu, ainsi l'a décidé la Providence dans sa sagesse infinie; il faut bien ainsi le vouloir, il faut bien aussi nous décider à la suivre dans ses desseins immuables, infaillibles comme elle, si nous voulons aussi comme elle arriver à des résultats infaillibles.

Ainsi donc, dès sa confection jusqu'à l'époque où les premiers froids commencent à se faire sentir, livrons sans crainte notre graine à la température atmosphérique, et puis, jusqu'au moment où nous pensons devoir la faire éclore, maintenons-la constamment à huit ou dix degrés centigrades de chaleur pendant le jour, et à cinq ou six degrés pendant la nuit. De cette manière, non-seulement nous ne courons évidemment aucuns risques de trop hâter le développement des germes, et par suite l'éclosion des larves, puisque, dans tout état de choses, ou quoi qu'on fasse, ces germes ne peuvent, d'une part, commencer à se développer qu'au mois d'avril, et que, d'autre part, les larves qui en résultent ne peuvent pas éclore trop tôt à la température que nous leur faisons subir, alors qu'il y a possibilité matérielle de les émouvoir et de les faire naître; mais encore nous les garantissons, en outre, tant les uns que les autres, des terribles effets du froid, qu'en cette occurrence je ne puis croire inoffensif; car, quelles que soient les considérations particulières que l'on puisse alléguer en sa faveur, que sont-elles en face des scènes générales, intéressantes qui viennent à chaque instant récréer d'abord, charmer, étonner l'œil scrutateur du naturaliste, saisir ensuite, éclairer, ébranler, convaincre l'esprit actif de l'observateur vigilant? Et qu'ont-elles, même dans leur ensemble resserré, de si remarquable, de si manifeste, de si plausible, pour que nous puissions sérieusement penser que rien n'ait à souffrir de son action énergique et pénétrante, pour que nous puissions admettre, en un mot, que réellement il n'exerce pas une funeste influence sur le cours de nos éducations, et qu'il ne prenne pas une part très-active à toutes nos défections, lorsque tout nous prouve positivement, clairement, précisément le contraire?

C'est là du moins ma pensée intime, je la crois juste à plus d'un titre, et je pourrais même, à l'appui de cette assertion, citer la triste mésaventure qui m'est arrivée deux fois la même, pour avoir voulu, deux années de suite, exposer ma graine de vers à soie à la gelée, d'après les ordres précis de la science. En effet, si, pour un moment, je me transporte en idée aux temps de ces [pénibles revers dont je conserve encore l'affligeant souvenir, je me rappelle aussitôt avec dépit, avec méfiance, les essais que je fis à cet égard; et je ne puis, en conséquence, m'empêcher de blâmer ouvertement la congélation de la graine, car il me semble voir encore à chaque mue une quantité prodigieuse de mes pauvres vers dégénérer en luisettes, ou succomber sous d'autres maladies cruelles; si bien, qu'à la fin de chacune de ces deux éducations néfastes, il m'en resta beaucoup moins que de coutume, et que c'est tout au plus si j'en obtins le cinquième des produits ordinaires.

Maintenant est-ce bien le froid excessif, intempestif, auquel cette graine avait été soumise, qui m'occasionna décidément ces deux échecs identiques entre eux à la suite de ces deux tentatives pareillement conformes entre elles? J'ai lieu, ce me semble, de le présumer, et j'en suis même intérieurement persuadé, attendu qu'à cette époque je suivais très-rigoureusement toutes les prescriptions, toutes les règles que l'art nous enseigne; mais, comme on pourrait les attribuer à d'autres causes également probables, je n'insiste pas davantage, et je me tais, espérant d'ailleurs pouvoir faire suffisamment entrevoir par le raisonnement le plus simple, le danger de la gelée sur la graine de vers à soie, si je ne l'ai pas entièrement établi par l'aperçu de cette semi-preuve qui n'est pourtant pas sans valeur et sans mérite, mise en parallèle et confrontée avec l'avantage inouï que j'ai rapporté plus haut, et que je retirai plus tard de cette graine chauffée outre mesure pour une éclosion insolite, et hivernée à l'abri du froid contre les principes de l'homme, comme les préceptes de la nature immense et positive dans ses effets sublimes.

Effectivement, en thèse générale, les principes de l'homme ne sont pas toujours justes et les préceptes de la nature ne sont jamais faux; aux uns donc une indifférence, une réserve sévère, et notre confiance sans bornes aux autres : ici, parfois doute et mécomptes, et là, vérité constante et triomphe éternel; l'homme se dément aujourd'hui ou demain, et la nature reste inébranlable; tout nous attire alors à elle, tout dépend d'elle, tout se maintient par elle, et le ver à soie lui doit, comme le poisson,

l'oiseau, le reptile, comme **tout être organisé**, la perpé-
tuité successive, la prospérité de son espèce.

Le poisson se sentant pressé de pondre, choisit un endroit
propice à cet effet, le prépare, y répand ses œufs, et s'en
sépare l'instant d'après sans regrets, sans souvenance, parce
que l'instinct secret et particulier qui le guide dans tous ses
actes lui a sans doute fait pressentir qu'avant qu'il pût sortir de chacun d'eux un poisson à son image, ils avaient à
subir un travail d'organisation, qui s'opère merveilleusement à la température de l'eau, et que d'ailleurs sa naissante progéniture n'avait aucun besoin de ses soins ulté-
rieurs.

L'oiseau fait ses œufs dans son nid, admirable chef-
d'œuvre de l'art, et loin de les abandonner indifférem-
ment, il s'en occupe au contraire spécialement de suite
avec une patience admirable et à toute épreuve, parce qu'il
a pressenti sans doute qu'un simple travail de couvaison
était tout ce qui leur fallait, et que d'ailleurs de bien-aimés
rejetons allaient bientôt lui tendre le bec pour lui demander la pâtée, allaient en même temps aussi lui montrer
piteusement toute leur faiblesse, toute leur incapacité,
comme pour implorer de sa tendre sollicitude, de son ardente affection tous ces autres petits soins qu'une mère
seule sait comprendre et peut seule donner.

Le reptile aussi, dominé par son instinct particulier,
confie ses œufs à la terre et les délaisse aussitôt, parce qu'il
sent apparemment que le travail d'organisation auquel ils
sont pareillement assujettis, s'effectuera parfaitement bien
de lui-même, ainsi que celui de couvaison, à la température intérieure de la terre, et parce qu'il est de plus sans
attachement comme sans utilité pour eux et pour ce qui
doit en résulter.

Le papillon du ver à soie fixe instinctivementt à son tour
ses œufs au mûrier blanc, les abandonne et périt ensuite,

parce qu'ayant absolument alors rempli tous les motifs, toutes les particularités de son existence, il est désormais insignifiant et nul, ou qu'il n'y a plus rien à attendre, à espérer, à prétendre de lui, parce qu'en outre leur travail d'organisation et de couvaison se fera de même sans lui à la température atmosphérique du climat qui leur a été attribué, parce que les petits vers qui doivent en résulter naissent à la portée immédiate de leur pâture, parce que, tout capables enfin de la dévorer dès leur éclosion, ils peuvent se passer de ses soins, de ses secours pour aucuns desquels il n'a reçu, du reste, aucun instinct, aucuns moyens d'exécution, non plus que tout autre animal qui quitte, avec même insouciance, les produits de sa copulation aussitôt qu'il les a commodément, artistement, admirablement bien placés à tous égards.

Ainsi disposés dans des conditions bien différentes, mais aboutissant toutes aux mêmes vues, ces œufs de diverses espèces vont cependant donner tous les résultats qu'en a voulus celui qui les a créés, celui qui par conséquent a su les faire entourer de tous les principes, de tous les éléments nécessaires à une bonne conservation, à un bon travail d'organisation, à une bonne couvaison enfin, pour être ensuite propres à une bonne production, à une excellente reproduction.

Assez audacieux pour penser qu'il ait pu se glisser ici des erreurs, essaierons-nous de changer ces heureuses dispositions imposées par une puissance qui n'a pas failli, puisque rien dans sa création et depuis sa création n'a été, n'a dû être changé, puisque rien ne s'est amélioré, puisque rien d'instinctif n'a dégénéré, n'a cessé d'être? Irons-nous inconsidérément transporter ces œufs dans un réduit beaucoup plus froid ou beaucoup plus chaud que les lieux où les a déposés l'instinct maîtrisé par cette puissance infaillible? Irons-nous, en un mot, bouleverser cet ordre parfait et régulier de la nature, pour lui substituer le désordre ordinaire de notre incohérente et frivole imagination ?

Mais si nous ôtons aux œufs du poisson l'eau qui est leur élément, nous les priverons nécessairement des principes au milieu desquels doit se faire, doit s'accomplir convenablement leur travail d'organisation, et nous commettons une véritable anomalie qui leur sera tout au moins préjudiciable. Non contents encore de cela, si nous les exposons ensuite à un froid très-rigoureux où à une chaleur excessive, nous n'avancerons ni ne retarderons peut-être le développement de leur germe pendant un certain laps de temps, car ni l'un ni l'autre ne se peuvent vraisemblablement pas, mais nous l'aurons probablement altéré, et ce serait de notre part une faute capitale, une faute sans doute irréparable, lors même qu'au moment où nous aurions le projet de faire éclore ces œufs pour notre convenance ou celle de leurs produits, nous les rendrions à leur température ordinaire, à leurs principes naturels, c'est-à-dire, lors même que nous les rendrions à l'eau où s'opère cependant très-bien toujours leur éclosion d'elle-même, si rien ne vient la troubler ?

Agirions-nous plus sagement, plus rationnellement si, dérobant avec un froid courage que je ne qualifie pas, mais qui se comprend assez, des œufs d'oiseaux, à la tendresse de la mère qui sent sa perte, nous la reproche, s'en désole, s'en plaint à la nature entière, nous la témoigne par de douloureux accents, nous la révèle enfin d'un air triste et dolent, nous allions les plonger, incontinent, dans une glacière, à l'effet de les conserver susceptibles de pouvoir éclore, longtemps après leur confection, dans un but d'intérêt qui ne se prévoit pas à l'heure qu'il est, mais qui peut exister, mais qui pourrait se produire plus tard ? Oh ! certes, non ; car leur germe serait du moins probablement très-endommagé, s'il n'était pas entièrement dénaturé par cet acte sans portée comme sans raison, et nous les rendrions vaine-

ment ensuite à leur température particulière et naturelle,
à l'humide, à la douce chaleur de leur intéressante cou-
veuse, nous savons bien qu'il n'en sortirait rien de très-
bon, ou même rien du tout peut-être.

N'en serait-il pas ainsi de ces œufs de reptile, quand
même nous les rendrions également à la température onctueuse de la terre, après les avoir fait geler pour en retarder de quelque temps l'éclosion?

Maintenant, je me le demande à moi-même, à ma raison, à celle d'autrui, pourrait-il en être autrement de la
graine de vers à soie, considérée dans son état de nature,
si la détachant du mûrier où l'instinct l'a pour ainsi dire
scellée, comme pour nous faire entendre qu'elle est à sa
place sous tous rapports, comme pour nous imposer l'obli-
gation de l'y laisser, ou de lui restituer au moins les conditions de sa position en cas de déplacement de notre part,
comme pour nous démontrer enfin, par le fait le plus caractéristique, l'imprudence, le péril d'un changement quelconque dans cette situation complète et radicale qu'elle a
reçue spécialement de la nature, nous l'arrachions néanmoins à son climat prédestiné, et l'allions ensuite étaler à
la gelée pour empêcher le développement de son germe,
pour la faire éclore plus tardivement à notre gré?

Je sais bien, ou du moins je présume, que nous n'y dé-
truirons peut-être rien du tout, puisqu'il est probable que
rien n'aura pu s'y former sous ce froid de glace; mais
sommes-nous bien sûrs de ne pas compromettre ainsi d'a-
vance la santé du ver à soie? Ne sentons-nous pas que,
créés évidemment à dessein sous un ciel exempt de ces fri-
mats excessifs auxquels nous les soumettons pourtant sous
le nôtre sans réflexion et sans égards, ces œufs qui n'ont
pas été faits pour les supporter tels ou si forts, doivent par
conséquent en redouter les effets? N'avons-nous pas aussi
compris que, passant alternativement de la chaleur et de la
sécheresse du jour à la fraîcheur et à l'humidité de la nuit,

ils ne doivent guère s'accommoder non plus de cette température uniforme qu'ils éprouvent dans les glacières, ou
en d'autres lieux de dépôt, à supposer même qu'elle n'y fût
pas portée, ainsi qu'on le pratique assez communément,
pendant tout le temps de leur conservation, jusqu'à des
degrés capables de leur nuire, à supposer même encore
qu'elle fût ensuite ce qu'elle doit être pendant leur incubation?

Eh! ne considérons pas, de grâce, cette remarque, cette
règle, ou plutôt cette variété de température, comme une
pure hypothèse dénuée de tout fondement ou à peu près insignifiante; elle me paraît au contraire très-rationnelle et
de la plus haute importance; car elle n'existerait pas dans
la nature, elle ne serait pas une des bases principales des
éducations naturelles, si elle ne devait pas jouer un
grand rôle, un rôle avantageux dans nos éducations domestiques.

Alors donc qu'il est suffisamment établi par les résultats
et par ces indications manifestes, qu'avec la coopération in-
termittente de la chaleur du jour et de la fraîcheur de la
nuit, cette graine s'élabore, se prépare, se conserve très-
bien et réussit à merveille dans les parties les plus chaudes
de la Chine, il est clair qu'elle trouve en ces deux agents
les éléments de sa prospérité, ou que du moins ils ne lui
sont pas défavorables; or, pas de motifs pour l'y soustraire
ou les éviter.

Alors aussi qu'il est prouvé, toujours par les résultats et
par les indications de la nature, qu'en dehors de la participation d'un froid rigoureux, elle arrive à d'heureuses
fins, il est également clair qu'il lui est tout au moins inutile, s'il ne lui est pas toutefois contraire; or pas de raisons
non plus pour l'y soumettre expressément.

Il y a, ce me semble, dans l'un et l'autre cas, inconse-
quence impardonnable, de quelque manière qu'on envisage
la question; et où domine l'inconséquence, existe l'impru-

dence; où gît l'imprudence, surgit le péril; où il y a péril enfin, il peut y avoir accident et chute.

D'ailleurs, bien que le froid excessif généralement recommandé de nos jours pour la conservation de la graine de vers à soie, ne fût pas ici matériellement contre-indiqué, bien que son effet délétère et pernicieux ne fût pas ostensiblement ici démontré; toujours est-il que nous serions au moins imprudents de l'exposer à son intempérie, en admettant même, ce qui n'est pas, que l'on pût entrevoir la moindre incertitude sur le dommage réel qu'il cause communément à toutes productions innées de pays excessivement chauds, car il est toujours sage de s'abstenir dans le doute.

D'ailleurs encore ne serait-il pas très-inconséquent de la soustraire à l'action alternative de la chaleur et d'une fraîcheur humide, bien que l'on pût également argumenter que, pour ne point lui porter évidemment et précisément atteinte, que, pour ne pas être décidément offensive, il n'en résulte cependant pas la déduction complète et positive, il n'en ressort pas la preuve authentique que l'intermittence de ces deux agents lui soit favorable? Mais je la suppose inutile, si l'on veut, ce qui n'est pas non plus, où en est le mal, pour chercher à s'en garantir avec autant de ponctualité, de soins et d'application? Il n'en existe pas même l'ombre ni l'apparence, et tout parle puissamment, au contraire, en faveur de l'opinion que j'émets avec confiance, parce qu'elle me semble à peu près conforme aux prévoyantes de la nature; en effet, l'ardent soleil de la Chine, en réchauffant chaque jour de tous ses feux la graine de vers à soie, attachée au mûrier, et la bienfaisante rosée du ciel, en l'humectant, en la rafraîchissant, chaque nuit, à son tour, de toute sa fraîcheur, de toute son humidité, n'en disent-ils pas l'un et l'autre assez à notre esprit pénétrant, à notre œil scrutateur? L'esprit susceptible d'approfondir, de saisir les causes, et l'œil capable d'apprécier les effets; le premier décidant alors de la réalité des effets, par le naturel, par le mérite des causes qu'il a comprises; le second jugeant de l'efficacité des causes par la beauté, par la valeur des effets qu'il a vus; eh bien! ce que l'un a compris et ce qui constitue les causes, c'est la chaleur, c'est la fraîcheur alternativement ou simultanément mises en usage; ce que l'autre a vu et ce qui caractérise les effets, c'est la vigueur, c'est la bonne santé des vers, et toute la magnificence de leur merveilleux ouvrage, résultats immédiats, ordinaires, je le répète, de cette graine chauffée et rafraîchie tour à tour par les soins assidus de la Providence, toujours et partout infaillible, toujours occupée à nous tracer de son doigt indicateur et tout-puissant la voie que nous avons à suivre:

Elle est sûre et positive, elle est la seule vraie, la seule qui puisse nous conduire au but que nous convoitons ardemment; car, je me complais à le répéter à satiété, rien d'insignifiant, d'inutile, de contraire ne s'y rencontre, et rien de ce qu'il faut, n'y manque: tout y est à sa place et ne pourrait être mieux, ailleurs ou autrement disposé, tout se trouverait plus mal, et la preuve, nulle part mensongère et sans valeur, éclate si resplendissante et si sincère, que le doute sur un seul point serait une méprise que l'homme de sens et d'esprit se garderait bien d'avouer, tant il aurait peur de la réprobation générale d'ici-bas, et serait en même temps un blasphème que l'homme raisonnable ne peut et n'ose prononcer, tant il est émerveillé des œuvres, tant il a frayeur des foudres et de l'anathème d'en haut.

Et d'ailleurs, a-t-il jamais aperçu dans cette immensité de la nature, la moindre apparence d'imperfection, le moindre sujet de réforme? A la vue de cet ordre admirable et universel qui s'y succède de jour en jour constamment le même, sans modification ni altération, pourrait-il concevoir la flatteuse espérance de pouvoir porter quelque amélioration à ce qui est si beau, si bien, si majestueux et si fort au-dessus de sa belle intelligence? A ce qui le frappe d'étonnement, à ce qu'il ne peut comprendre, à ce qu'il n'imitera jamais, si inventif qu'il suppose, ou si loin qu'il prétende pousser son vaste génie; à la pensée du grand parti et des avantages immenses que son art, presque encore à son début et dans son enfance, a su tirer de telles et telles matières inertes ou vivantes, auxquelles cependant il n'avait encore pu reconnaître aucun usage de conséquence; en perspective de ces propriétés si précieuses qu'il découvre chaque jour, chaque instant, aux objets qui lui avaient paru jusqu'alors éminemment nuisibles ou pour le moins dénués de toute importance; en face de toutes ces plantes qui ne doivent le luxe, le développement de leur végétation active qu'aux produits, qu'aux débris d'elles-mêmes ou d'animaux recevant d'elles à leur tour une bonne alimentation pour servir ensuite eux-mêmes de pâture à d'autres plus ou moins essentiels qu'eux, et ainsi de suite de proche en proche; à l'aspect enfin de cette foule innombrable d'insectes sortant à l'improviste, on ne sait trop souvent d'où, magnifiquement parés de tous les attributs de l'instinct, de la santé et de toute leur utilité sans sa propre assistance, sans sa participation, malgré ses grands moyens de destruction, de trouble, de ravage, et par le seul effet d'une disposition favorable, oserait-il attribuer quelque chose au hasard, et penser que dans les œuvres de la nature il existe quelque chose à redire, ou qu'il puisse faire autrement qu'elle, sans y porter véritablement atteinte? Oserait-il présumer que les lieux, les éléments et les différents agents ou principes auxquels elle confie les chères destinées de ses créatures, ne sont pas positivement toutes nécessaires, et qu'il pourrait, en conséquence de ce, et dans l'espoir d'un mieux ou sans inconvénients, modifier à sa guise cette heureuse disposition que tout a reçu d'elle indistinctement avec tant d'à-propos et sans encombre? Oserait-il penser qu'il est fort indifférent de se modeler ou non sur elle et ses manifestations toujours prospères? Oserait-il, en dernière analyse, se flatter d'être plus capable, plus habile, plus prévoyant qu'elle?

Mais c'est à l'ouvrage que se connaît, que se juge l'artiste, quel qu'il soit ; c'est sur les résultats que se mesurent les capacités, les méthodes bonnes ou mauvaises ; c'est dans les produits qu'est le quotient véritable et effectif de toutes les opérations résolues par la preuve.

Eh bien ! que nous dit ici la preuve accompagnée de toutes ses convictions, de toute son authenticité, de toute sa force, et qui chasse, exclut, bannit et rejette froidement, en vainqueur assuré, l'erreur, la fatale erreur, de partout où, subtile et déliée, elle aurait pu se glisser grossière ou minime au milieu comme au fond de nos supputations, sous l'influence permanente d'orgueilleuses ou de petites pensées ?

Elle nous dit positivement, ce qui est malheureusement trop vrai, que les profondes combinaisons de l'homme, que ses vastes plans, ses immenses moyens d'exécution, tous ses travaux gigantesques et incommensurables, ne sont, hélas ! comparés aux plus simples effets de la nature, que de longs et pompeux calculs s'adaptant rarement bien à l'application, que des représentations fidèles et symétriques d'idées frivoles et bizarres qui s'évaporent souvent en fumée, pour faire aussitôt place à d'autres non moins fugitives, non moins erronées qu'elles ; que de bons ressorts, d'excellents leviers, de forts agents, qui s'usent vite, qui manquent presque toujours de précision, de garantie, de puissance, qui n'atteignent jamais complétement le but désiré, et pèchent toujours par quelque chose ou par quelque endroit sensible ; que toutes ses œuvres enfin, dont il est si fier, si arrogant, ne sont pourtant que des matériaux méthodiquement disposés, solidement assemblés, vaniteusement groupés, audacieusement amoncelés, qu'un rien déplace ou disloque, qu'un nuage, en s'ouvrant, entraîne ou dévaste, qu'un souffle renverse, qu'une étincelle électrique anéantit de fond en comble.

Oh ! que c'est bien différent dans la nature ! que

de simplicité à côté de tant de magnificence! que de modestie au milieu de tant d'éclat et de pompe! que de choses dans cette majestueuse attitude, dans ce mouvement silencieux, régulier et continuel des planètes et des astres! que de merveilles sur la terre et dans l'onde et dans l'air! Ici, quelle suave délicatesse, quelle enivrante mélodie, quelle coquetterie gracieuse, que de luxe, que de richesses, que d'animation, et comme tout ce qui en fait le charme, l'ornement et la vie, s'y trouve et s'y reproduit naturellement bien à la place et avec les circonstances qui lui ont été particulièrement données, spécialement octroyées!

Là, que d'autres beautés d'un genre tout opposé! L'aspect en est sévère, agreste, sombre et sauvage; c'est presque l'apparence de la solitude et d'une nudité complète, et pourtant l'œil s'y arrête, s'y repose avec une langoureuse, avec une certaine volupté ravissante; l'âme s'y recueille délicieusement, s'y dilate avec extase, y perçoit des sensations indicibles; l'esprit s'y abandonne à de douces rêveries, à de calmes méditations; et la pensée, cette fière et précieuse essence de nous-mêmes, la pensée s'y attache, s'y complaît souverainement, parce que le Créateur s'y dévoile aussi dans toute sa perfection, parce que là aussi, dans ces gorges profondes, dans ces déchirures effrayantes, dans ces précipices inaccessibles, sur ces monts sourcilleux, dans ces vastes plages liquides, dans ces déserts immenses où tout semble aride et stérile, naissent, croissent, se développent, se multiplient parfaitement bien des plantes et des animaux qui ne feraient bientôt plus que végéter et dépériraient de suite, si l'homme, zélé réformateur de tout ce qui est ordinairement bien, s'avisait, croyant les mieux placer, de les arracher à leurs conditions naturelles, les seules qui leur conviennent, celles qui, par conséquent, leur ont été attribuées.

C'est que les créations de Dieu ne sont pas, comme les

productions de l'homme, disséminées au hasard sur ce vaste hémisphère ; c'est qu'à les y voir si bien réussir de toutes parts, sous des latitudes et dans des conditions différentes, il est clair qu'elles ne sauraient y être plus avantageusement distribuées, plus convenablement situées ; il est évident qu'elles sont spécialement appropriées à la température, ainsi qu'aux principes particuliers qui les environnent ; il est positif alors que le moindre trouble apporté à cet arrangement, à cette véritable répartition des espèces, résultat bien manifeste de l'instinct, après avoir été d'abord celui de la conception divine, ou prescience, ne pourrait avoir pour elles que des suites et des conséquences fâcheuses.

Ainsi, quand nous voulons élever des animaux quelconques, et les faire passer au triste état de domesticité, ce que nous avons de mieux à faire pour notre gouverne de tous les moments, est, je crois, de les observer d'abord dans leur état de nature avec la plus scrupuleuse attention, et de chercher à les imiter ensuite le plus ponctuellement possible dans toutes leurs manières d'être et d'agir, dans tous les soins qu'ils ont d'eux-mêmes, dans leurs goûts, dans leurs penchants, souvent dans leurs désirs, dans la nourriture qu'ils paraissent adopter de préférence, dans les éléments qu'ils recherchent ou n'évitent pas, et surtout dans les minutieuses, les étonnantes, les phénoménales précautions qu'ils prennent pour assurer à leur postérité les mêmes et infaillibles moyens de sûreté, d'existence et de prospérité qu'ils avaient eux-mêmes reçus de leurs auteurs, afin que nous puissions, à notre tour, les gratifier d'un traitement, autant que possible, analogue à celui qu'ils suivent par inspiration ou par une suggestion occulte, inévitable, toute-puissante, et pour que nous ne soyons pas en outre exposés à commettre à leur égard des méprises fatales.

Ainsi, quand nous voyons en Chine, par exemple, le

Bombix mori ou papillon du ver à soie ordinaire, déposer et glutiner ses œufs sur le mûrier blanc, il est certain qu'ils y sont établis par l'instinct de la créature dirigée, dominée par la volonté suprême du Créateur, il est positif en ce cas qu'ils y sont convenablement, conséquemment placés; il est clair alors que cette disposition de lieux et d'entourage, n'est pas du tout insignifiante, ni sans motifs, sans portée, sans valeur ni sans indices; il est évident qu'elle n'est pas non plus le fait du hasard, ni une vaine chimère que l'on puisse impunément fouler aux pieds ou braver légèrement; il est manifeste qu'elle tient au contraire à des causes dont la seule existence perpétuellement identique, suffirait au besoin pour faire augurer que d'elles dépend exclusivement une bonne ou une mauvaise élaboration de la graine.

C'est, de plus, une preuve qu'il doit un peu plus tard sortir de chacun de ces œufs confiés à l'air et fixés au mûrier, un insecte auquel il faut beaucoup d'air, immensément d'air, tout l'air possible; auquel sied essentiellement en outre la feuille du mûrier blanc, puisqu'il naît et vit sans pouvoir ni vouloir se mettre à l'abri de l'air, sans pouvoir se procurer, sans désirer, sans rechercher d'autres feuilles que celles qu'il rencontre naturellement à son service sur cet arbre précieux qui les lui fournit continuellement fraîches et revêtues de toutes leurs propriétés, de tous leurs sucs à coup sûr absolument indispensables, ou du moins sans contredit très-favorables à son intéressante santé, à sa destination importante, si l'entier, si le parfait accomplissement de ses destinées constitue réellement sa santé et remplit sa destination; en d'autres termes, si beaucoup de vigueur et de beaux résultats sont, d'une part, le type de sa santé, et, d'autre part, le but de sa destination.

C'est un sujet aussi de croire que la température, telle que ces œufs l'ont à subir, le jour comme la nuit, est sans doute celle qui leur convient le mieux, puisqu'elle est pour ainsi dire presque la seule à qui l'instinct maternel les confie.

C'est également peut-être un motif de présumer que leur partie qui est fixée au mûrier doit ou peut redouter l'action de l'air et du froid, puisqu'elle en est naturellement préservée à son point d'adhérence.

C'est même une raison de penser que la chaleur et la sécheresse du jour, jointes à la fraîcheur et à l'humidité de la nuit, sont alternativement et positivement toutes nécessaires au ver qui doit en sortir, puisque tous les animaux qui auraient à souffrir des effets de la nuit ou du jour, ou bien des deux à la fois, naissent tout blottis, tout tapis dans la terre, avec les dispositions, le goût, la possibilité de se blottir à volonté dans des réduits qu'ils se pratiquent instinctivement eux-mêmes, ou qu'ils trouvent tout pratiqués par les soins de la nature ou de leurs auteurs, afin qu'ils puissent y passer tout le temps qu'ils ne pourraient passer en plein air sans éprouver de funestes conséquences ; de sorte que, par le dépôt seul des produits de leur copulation, on peut facilement juger quels sont les éléments qui leur sont propices ou nuisibles.

Cet indice général est pour nous un régulateur immanquable que nous ne pouvons démentir en face de l'ostensible et universelle authenticité de ses résultats ; le moyen de nier en effet que l'eau avec ses diverses modifications et combinaisons de lieux et de circonstances ne soit d'abord continuellement indispensable aux œufs qui lui sont confiés, comme elle l'est par conséquent ensuite aux poissons, et, par intervalle, à tous les animaux aquatiques qui n'en sortent quelquefois par besoin que pour y rentrer aussitôt qu'ils en sentent l'urgente nécessité.

Le moyen aussi de contester que de tous les œufs indistinctement déposés dans la terre par l'instinct pour les y faire élaborer et couver, il éclose un seul être organisé qui ne soit pas tenu de se réfugier régulièrement dans son sein pendant le jour ou pendant la nuit, ou même sans cesse, selon la constitution qu'il a reçue, selon qu'il éprouve ou non la nécessité de s'y enfermer toujours, selon qu'il pressent l'avantage ou l'inconvénient d'y rester ou d'en sortir à tels ou tels instants, ainsi que nous le prouvent matériellement ou son penchant pour une absolue retraite, ou les excursions momentanées auxquelles il se livre, ou les habitudes invariables auxquelles il est enclin ou qu'il suit à coup sûr comme contraint et machinalement avec un succès constant, avec une étonnante et bienheureuse ponctualité.

Le moyen enfin de douter que l'air ne soit pas, sans nulle interruption, le seul et indispensable élément de tous les insectes qui proviennent précisément des œufs confiés naturellement à son influence continuelle de nuit et de jour, de latitude et de localités, n'importe ce qu'elle soit d'ailleurs à certaines époques et en certaines circonstances, ainsi que l'établit très-bien le séjour volontaire qu'ils y font pendant tout le cours de leur existence sans jamais essayer de s'y soustraire, par la raison toute simple qu'il leur plaît, qu'il leur est réellement favorable et nécessaire à toute heure, à tout instant de la nuit et du jour.

Pas de doute en conséquence que les œufs de vers à soie, mis en rapport direct et permanent avec le climat de leur patrie, pendant tout le temps de leur élaboration et de leur couvaison, ne soient composés tout exprès pour la chaleur de ses jours et pour la fraîcheur humide de ses nuits : il importe alors de les soumettre aussi dans nos ateliers à l'influence réciproque de ces mêmes températures dont les effets bienfaisants sont si bien marqués, si bien attestés par des résultats authentiques, par des produits on ne peut plus satisfaisants.

Pas de doute peut-être que, fixée solidement sur un de ces points, la graine de vers à soie n'ait besoin de rester telle pour une bonne réussite, soit que son éclosion s'opère mieux et plus facilement de cette manière, soit que ce point d'attache, cessant d'être adhérent et se trouvant ainsi mis inconsidérément à découvert par la main de l'homme rarement conséquent dans ses faits, pût recevoir et transmettre en cet état au germe quelque atteinte ou altération causée par l'action de l'air dont il est naturellement exempt et affranchi, soit enfin par toute autre raison encore inconnue, insensible ou inaperçue ; mais toujours est-il qu'il y a pour cela des causes plausibles, car à tout il faut des causes, et c'en est assez pour nous démontrer qu'il est alors très-irrationnel de ne pas la laisser comme l'instinct l'a posée, quand nous savons qu'il est infaillible, ou qu'il ne fait rien d'inconvenant et d'inutile, quand nous voyons évidemment surtout qu'il ne peut en résulter que des avantages sans inconvénients.

Pas de doute aussi que, déposée à demeure fixe sur le mûrier blanc, elle ne soit destinée à y demeurer le temps prévu pour un bon travail d'organisation, et à donner ensuite issue à des insectes qui aiment particulièrement les produits de cet arbre, sur lequel ils ne sont encombrés ni empestés par leurs litières, sur lequel ils peuvent à chaque instant brouter des feuilles toujours fraîches, toujours juteuses, toujours gommeuses, et dont ils se trouvent admirablement bien, je l'ai déjà dit, à en juger par la beauté de leur travail. Guidés alors par une indication aussi claire, aussi décisive, aussi péremptoire, débarrassons-les constamment, dans nos magnaneries assez improprement nommées salubres, de ces litières pestiférées et corrompues, sources certaines, inévitables, d'une foule de maladies dévastatrices, et ne répandons sur leurs tables que des feuilles récemment cueillies, pour qu'ils les aient également toujours fraîches, toujours juteuses, toujours gommeuses ; car ainsi le conseille, ainsi paraît l'exiger, ainsi le pratique la nature qui ne fait jamais suivre fausse route à quiconque la prend pour guide en quoi que ce soit, tant elle est prévoyante et positive en tout.

Pas de doute enfin que, confiée uniquement au grand air tour à tour chaud et sec, frais et humide, la graine n'en ressente une impression favorable et ne recèle dans son sein le germe d'individus auxquels il faudra certes aussi beaucoup de cet air chaud et sec, frais et humide; car, en dépit de tout ce qu'on pourrait dire, ils l'auront ainsi constitué sans vouloir ni pouvoir l'éviter, indices certains, on ne saurait assez insister sur l'importance de cette assertion, qu'ils en éprouvent d'excellents effets, n'ayant ni le vouloir ni le pouvoir de s'en garantir. En ce cas, tâchons, en nos parages, de donner à cette graine d'abord, à ces individus ensuite, tous les éléments dont ils jouissent librement dans leur patrie, ou qui s'en rapprochent du moins le plus. Songeons premièrement que la graine qui n'a pas, dans la Chine, de froid excessif à subir, doit par conséquent en être rigoureusement préservée dans nos contrées bien moins privilégiées qu'elle à tous égards. Songeons ensuite que les vers nés et destinés à vivre continuellement au milieu de l'air atmosphérique, c'est de l'air, toujours de l'air atmosphérique qu'il leur faut, beaucoup plus d'air même que nos faibles et insuffisants moyens ne nous permettent encore de leur donner; songeons de plus que, nourris exclusivement en liberté de feuilles telles qu'elles ont été créées pour eux, ils ne doivent pas en domesticité recevoir de notre main, des feuilles qui aient pu perdre quelques-uns de leurs principes constitutifs. Alors nous aurons décidément compris les desseins, le but du Créateur; alors nous aurons infailliblement rencontré la véritable méthode de conserver parfaitement la graine de vers à soie, et de bien élever ces précieux insectes, puisque c'est celle qu'emploie la nature beaucoup plus experte que nous, je pense, en cela comme en tout? Seule donc elle ne cache pas de dangers; seule alors elle est capable de satisfaire nos goûts et notre ambition; seule, en ce cas, elle doit prévaloir, seule en conséquence elle doit être adoptée de préférence par l'homme qui se pique, qui se vante d'avoir tant de raison et de sens, qui a tant d'amour-propre, qui rêve, qui désire, qui voudrait les plus beaux succès possibles, qui ne considère enfin que ses intérêts privés, ou vise spécialement à la gloire qu'il n'aime quelquefois pas moins, si bien qu'il la place aussi haut, sinon plus haut qu'eux, quand il n'est pas entièrement dominé par cet esprit d'égoïsme et de cupidité, vice radical de notre époque.

Ainsi donc, tout le mystère de nos éducations domestiques, dont les bases théoriques et gigantesques, vrais fantômes effrayants, portent dans l'âme de l'éducateur le découragement et le dégoût, se réduit à des proportions fort simples, puisqu'il consiste uniquement à rendre à notre graine, à notre ver à soie leur simple état de nature.

Eh bien! cet état de nature sera rendu à notre graine dans nos ateliers, lorsque nos papillons y seront libres de la faire, et lorsque une fois faite, elle ne sera pas déposée en lieux essentiellement contraires à son élaboration, à sa constitution, l'une et l'autre toutes particulières et toutes spéciales.

Notre ver à soie sera rendu à son état de nature, lorsque, isolé de toute matière malsaine et nuisible, il pourra brouter sur nos rayons des feuilles absolument analogues à celles qu'il mangerait sur le mûrier, s'il ne s'en trouvait pas séparé, et lorsque, réchauffé, humecté alternativement, il sera de plus constamment entouré dans nos magnaneries d'air libre et pur, comme il l'eût été dans sa patrie si les besoins de notre luxe, si le plaisir de l'élever ne l'en eussent privé.

Nous avons en conséquence peu de détails à ajouter à cet égard, parce que, d'une part, ils n'entrent pas du tout dans le plan général que nous nous sommes tracé, ou qu'ils s'éloigneraient beaucoup trop du sujet uniquement comparatif que nous nous sommes proposé, et parce que, d'autre part, les soins particuliers à donner aux vers à soie pour les entretenir en parfaite santé, sont si bien indiqués si bien décrits dans maints ouvrages excellents, qu'il me paraît inutile d'en fatiguer ici l'attention de nos lecteurs assez ennuyés d'ailleurs de toutes les réflexions que nous leur présentons sur l'art séricicole et les dangers de ses méthodes actuelles ; car, quelles que soient les nombreuses améliorations qu'il ait reçues de nos jours, il me semble encore environné de beaucoup d'erreurs, et tout nous porte à croire qu'il ne cessera réellement d'être incertain et conjectural que lorsqu'il saura ou qu'il voudra puiser complétement les éléments de ses principes dans les règles de la nature.

Eh bien ! alors, essayons de faire, non pas comme elle, nous ne le pouvons pas, mais à peu près comme elle, c'est-à-dire n'arrachons pas notre graine du corps auquel elle est solidement annexée par l'instinct ; car, outre l'inconvénient qu'il y aurait de l'en détacher, ainsi que je l'ai fait pressentir, il est bien plus facile de la conserver intacte, étant ainsi étalée et toujours exposée au grand air, que renfermée dans des boîtes si aérées qu'elles soient et si fréquemment qu'on l'y remue, qu'on l'y tourne et retourne pour la soumettre alternativement toute à l'air : ne l'assujettissons jamais au grand froid pour lequel elle n'a pas été faite, et qui ne peut que l'avarier ; humectons-la chaque soir par de légères aspersions d'eau fraîche, pour remplacer, si faire se peut, cette rosée du ciel, cette précieuse rosée qui tombe à coup sûr toute bienfaisante sur elle, puisque rien n'est encore venu nous signaler qu'il en soit résulté le moindre abus, puisque tout parle en sa faveur, tout nous en retrace de bons effets, puisque cela est ainsi. Dès le mois d'avril, ne la soumettons plus à une température qui puisse dépasser en aucune circonstance huit à dix degrés centigrades, afin d'en éviter l'éclosion avant le développement de nos feuilles, avant l'instant présumé favorable pour commencer nos éducations. C'est absolument là tout ce que nous avons à désirer, tout ce qu'il nous faut, n'en demandons, n'en exigeons pas davantage, et ne cherchons pas sans nécessité d'autres moyens de conservation, plus ou moins inconvenants, plus ou moins dangereux, quand ceux que nous indiquons remplissent parfaitement bien ce but sans le moindre inconvénient et d'accord avec la nature.

Eh ! que si nous voulons faire des éducations automnales pour profiter de nos secondes feuilles, élevons alors des vers Trevoltini qui s'y prêtent très-bien, et dont la graine peut dans le fait éclore sans péril en automne; c'est dans l'ordre des choses existantes; il n'y a pas ici d'anomalie, pas de monstruosité de commises, et nous sommes dans les droits, dans les stipulations de la Providence, nous sommes, en un mot, dans le naturel. Renonçons bien vite en conséquence à des principes qui nous laissent vides de sens et de faits, et assez comme ça d'expériences pour d'incessants mécomptes, car assez de tentatives fort ingénieuses sans doute, mais toutes à coup sûr plus ou moins infructueuses, nous ont assez; Dieu merci, constaté la bizarrerie d'employer de la graine conservée dans des glacières, pour qu'il prenne ou qu'il vienne désormais à quelqu'un la singulière fantaisie de se livrer à de semblables essais.

Enfin, lorsque nous le jugeons convenable, mettons à l'éclosion, et pour cela étendons, sur nos claies en osier ou en fil de fer et à larges mailles, nos toiles garnies de graine; continuons chaque soir de les arroser le plus uniformément, le plus superficiellement possible, avec de l'eau fraîche. Au moment de l'éclosion, disséminons çà et là à de légères distances, sur toute leur surface et principalement à leurs bords, des rameaux grêles et secs de mûrier blanc; attirés par le charme, par la puissance de l'odeur énergique que possède à un bien haut degré toute partie de cet arbre intéressant, les tout petits vers naturellement très-vagabonds à cette première période de leur existence, comme ils le deviennent également ensuite à leur montée au bois, se fixent, se cramponnent après ces rameaux quoique d'une nullité complète pour eux sous le rapport de l'alimentation, et ne peuvent, malgré tout, se décider de les abandonner que pour monter sur les feuilles qu'on leur donne quand on pense, quand on juge qu'il est temps de les lever. Ainsi rassemblées, ainsi groupées, au fur et à mesure de leur naissance, par cette étonnante force d'attraction, mille fois plus active que leur goût effréné de vagabondage, toutes les larves de chaque série peuvent, sans qu'il s'en soit perdu, sans s'être fatiguées beaucoup, et surtout sans avoir rien pu manger les unes sans les autres, prendre leur premier repas ensemble; ce qui est de la plus haute importance, ce qui commence entre elles cette indispensable et précieuse égalité, l'égalité sans laquelle tout n'est que confusion, désordre et perturbation.

Il serait néanmoins imprudent de laisser longtemps sans feuilles les petits vers tout juste éclos; parce que nés, comme je l'ai déjà dit, à l'aide d'une forte chaleur qui excite promptement chez eux la soif et la faim avec toutes leurs exigences et leurs dangers, ils ont par conséquent besoin d'un soulagement également très-prompt, sinon la privation à laquelle ils se trouveraient soumis à cet âge si peu fait pour la supporter, et que d'ailleurs ils n'éprouvent pas dans leur état de nature, jetterait probablement dans leur économie animale les premiers germes de ces affections terribles qui les moissonnent plus tard ou même de suite, sous différents aspects, sous différents noms, et que l'on attribue généralement à d'autres causes.

Il est donc, ce me semble, très-opportun de faire, chaque jour, c'est-à-dire, chaque matinée d'éclosion, deux ou trois levées de vers, au moyen de feuilles tendres répandues sur des filets de papier; si l'éducateur a eu l'inconséquence de détacher sa graine de la place où ses papillons avaient reçu l'instinct de la fixer. Ainsi nourris et désaltérés à peu près à mesure de leur naissance, nos jeunes insectes commenceront leur premier âge sous de bons auspices; il nous sera facile ensuite d'égaliser leurs différentes catégories entre elles toutes, non pas en retardant, ainsi qu'on le pratique assez ordinairement, les vers qui ont pris le devant (il y a toujours de l'inconvénient d'agir de la sorte, et il faut y être vraiment forcé pour se résoudre à pareille extrémité), mais en avançant, ce qui est beaucoup plus naturel, les retardataires par plus de chaleur et par plus de feuilles.

Au surplus, dans une magnanerie bien dirigée, une légère inégalité entre quelques catégories de vers serait assez insignifiante, et ne pourrait, dans aucuns cas, occasionner nul événement qui dût nous faire adopter contre elle des mesures évidemment capables de porter atteinte à la santé de nos précieux insectes. Il est vrai que nous serions assujettis, sous son empire, à plus de précaution, à plus d'attention pour ne pas commettre de méprise, de confusion entre elles; mais en revanche, elle ne serait peut-être pas sans importance sur d'autres points, et si même tout était bien considéré, il n'est pas très-certain qu'il y eût réellement avantage de la faire cesser, en ce sens que, par le seul effet de son existence, le travail pénible et général dont nous sommes encombrés au moment des délitements et de la montée, devenant, pour ainsi dire, partiel et mieux distribué, nous en éprouverions sans contredit un grand allégement, et nous aurions en conséquence le temps, la latitude, la possibilité de donner à ces opérations essentielles tous les soins nécessaires.

D'après les mêmes motifs, les mêmes moyens, les mêmes facilités, je pense aussi, malgré l'opinion de plusieurs sériciculteurs renommés, qu'à chaque mue, il serait également irrationnel d'attendre, pour lever les vers, qu'ils fussent tous à peu près éveillés, car je me suis toujours aperçu qu'il existait dans cette méthode, peu judicieuse du reste, un vice radical qui nous causait de grands préjudices.

En effet, dévorés de soif et de faim à l'issue d'un long sommeil, les premiers éveillés errent vaguement sur une litière qui les dessèche, pour y chercher de quoi bien vite apaiser les besoins intolérables qu'ils ressentent, et ne sortent malheureusement pas tous entièrement sains et -saufs de cette situation anormale. D'ailleurs, serait-il même reconnu, serait-il vrai qu'ils résistent à de si puissantes causes de maladies, ce qui ne peut pas être, il n'en faudrait pas moins les lever avant le parfait réveil de ceux qui sont encore assoupis, attendu que, prenant de l'appétit et se développant en outre par le seul fait de l'âge et du temps, pendant que les autres dorment et restent par conséquent stationnaires, ils se trouvent nécessairement en état de manger davantage, quand vient enfin l'heure du premier repas.

Eh bien! c'en est assez pour leur faire gagner une certaine avance qui détruit de suite l'indispensable égalité que l'on a cru, que l'on a voulu créer entre eux par des délitements généraux, et une fois acquise, cette avance ne se perd pas, elle devient au contraire de plus en plus prononcée, parce que les motifs qui l'ont produite se maintiennent et deviennent de plus en plus actifs; de sorte que quiconque agit ainsi, rencontre un résultat précisément opposé à celui qu'il recherchait, qu'il désirait. En conséquence, il éprouve, à la mue suivante, tous les embarras, tous les inconvénients de cette désespérante inégalité entre les vers de chaque série.

Mais je m'aperçois que j'ai, sans y faire attention, anticipé sur ce que j'avais à dire, et il faut que je rétrograde pour l'instant de la pensée seulement: je reprendrai tantôt la suite de mes idées, car nous touchons au terme de nos pressants désirs, à l'époque de l'incubation, et nos cœurs vivement saisis, agités, étrangement remués, vibrent d'espérance et de plaisir, tressaillent de bonheur et d'émotions indéfinissables, que peut seul comprendre, que peut seul bien sentir celui qui les a d'autrefois éprouvées.

Puis, encore tout frappé, tout pénétré de mon sujet et de ses causes attachantes, j'en poursuis modestement et sans emphase, comme sans prétention et sans faste, le timide récit, le cours régulier, pour en suivre incontinent la véritable interprétation, le véritable sens.

Nous atteignons enfin le temps après lequel nous avons tant soupiré, cette grande époque que nous avançons inconsidérément, chaque année, de tous nos vœux (comme si la vie ne marchait pas assez vite), nous touchons à cette intéressante saison des vers à soie, et déjà le prudent mûrier se couvre de gros boutons arrondis et perlés. Encore quelques jours d'attente, et ces boutons éclatent, s'épanouissent et papillonnent; encore quelques instants d'impatience, et l'éducateur vivement impressionné par ce développement, par cette richesse de végétation, se hâte de transporter sa graine dans sa chambre d'éclosion et commence à la chauffer.

De la modération cependant, et ne précipitons rien; faisons attention que ces bourgeons, quoique pleins d'espérance, sont exposés à toutes les intempéries d'une saison variable, et peuvent bien ne pas continuer de pousser au gré de nos désirs, selon notre croyance, suivant les besoins de nos vers constamment entourés, dans nos ateliers, d'une chaleur qui les entraîne à leur maturité par des gradations tellement rapides, que leur âge a bientôt dépassé celui de la feuille, par conséquent trop jeune, par conséquent trop tendre, pour leur fournir une alimentation convenable, une alimentation analogue à leur économie animale d'alors ou du moment présent.

Il est vrai que le contraire peut quelquefois avoir lieu, il est vrai qu'en voulant éviter un abus nous pouvons tomber dans l'excès opposé : que faire alors? Le cas est sans contredit fort embarrassant, et presque tous les ans chaque éducation vient en effet nous apprendre qu'il est très-difficile, qu'il est surtout fort important de savoir mettre à propos et au moment opportun notre graine à l'incubation.

Dans l'état naturel, cet embarras n'existe pas, cet inconvénient n'est pas à redouter ; car, toujours soumis à la même température, la graine et le bourgeon éclosent en même temps, le ver et la feuille commencent, se développent ensemble, et, quoi qu'il arrive, l'âge de l'élève et du feuillage se trouve sans cesse dans une harmonie parfaite ; ce qui retarde l'un retarde également l'autre, ce qui avance celui-ci avance pareillement celui-là, de manière que, comme tout se convient fort bien, tout se passe nécessairement à merveille, et le succès vient en conséquence couronner l'œuvre de la nature.

Eh bien ! tâchons d'opérer de même, de procéder comme elle, dès que nous le pouvons aisément ; car si le développement de la feuille dépend exclusivement de la température extérieure ou naturelle devant laquelle toute notre puissance reste impassible et doit s'incliner, le développement de nos vers dépend uniquement aussi de notre température intérieure ou artificielle qu'il nous est facile de conduire à notre guise.

Maîtres alors de retarder ou d'activer la marche ordinaire de nos insectes, laissons d'abord prendre de l'accroissement à la feuille indépendante de notre volonté, de notre pouvoir, nous trouverons toujours assez de rameaux tendres pour les premières périodes de nos éducations, lors même que nous n'aurions pas eu la sage, l'utile précaution de planter quelques mûriers en taillis à une exposition susceptible de ralentir à cet effet sa végétation de sept à huit jours à peu près ; et d'ailleurs, dans tous les cas, il vaut bien mieux être obligé d'avancer que de retarder les vers, en ce double sens que, d'une part, les causes qui peuvent produire ce résultat sont toutes éminemment favorables à leur santé, et que, d'autre part, il y a immense avantage et bénéfice réel d'arriver promptement à la solution, au dénoûment d'une opération si sujette à des revers de tous les instants, qu'elle peut être quelquefois en grande partie manquée, pour ne pas avoir été terminée un seul jour plus tôt, ou pour avoir été terminée un seul jour plus tard qu'elle aurait pu l'être.

En conséquence, la feuille vient-elle à gagner trop d'avance sur le ver, rajeunissons, ravivons-la de suite par. des aspersions d'eau fraîche, et rendons-lui de cette manière les bienfaisantes molécules qu'elle a perdues, et qui ne lui ont certes pas été concédées sans but ni motifs, ni sans utilité pour l'insecte fait pour elle, ou elle pour lui, ou tous deux ensemble l'un pour l'autre ; cherchons en même temps à rétablir bien vite l'équilibre rompu entre l'aliment et le nourrisson, redoublons pour cela d'activité, triplons, s'il le faut, les repas nuit et jour, augmentons considérablement la chaleur qui, dans tous les cas, est toujours très-propice aux vers, quelle qu'elle soit, pourvu qu'il règne constamment avec elle beaucoup d'air et une humidité proportionnée sur elle.

Nous apercevons-nous, au contraire, que ce sont les vers qui prennent le devant sur la feuille dont l'accroissement ou le développement aurait été momentanément paralysé par l'effet d'un refroidissement inopinément survenu dans l'atmosphère, laissons de suite tomber insensiblement et sans crainte la température de notre atelier à quatorze ou treize degrés centigrades, s'il le faut, pour ralentir les progrès trop rapides des uns, eu égard seulement à la circonstance du retard de l'autre, et pour lui donner le temps d'acquérir une consistance nutritive qui puisse être en parfait rapport avec l'âge et les besoins alimentaires de ses nourrissons. Diminuons aussi l'humidité dans les mêmes proportions, réduisons de beaucoup la quantité, la quotité des repas, et gardons-nous bien surtout de donner de la feuille mouillée qui serait indubitablement nuisible alors, de salutaire, de bienfaisante, d'indispensable qu'elle est dans ces moments fréquents, qu'inondés de sueur, qu'étouffant de chaleur, les vers ont absolument besoin d'être humectés au dehors, rafraîchis au dedans.

Rien de mieux alors que la feuille mouillée ne peut plus aisément remplir ce double but; mais à ce nom seul de feuille mouillée les esprits se redressent, s'étonnent, s'animent, s'émeuvent, s'aigrissent ou s'en rient de pitié; et moi-même plus agité, plus troublé, plus inquiet que personne de me connaître si peu capable de traiter convenablement ce sujet délicat, je sens renaître, redoubler tout l'embarras de ma situation, toutes mes craintes d'insuffisance; car je comprends, je vois, je sais, ou je me doute fort qu'en abordant de nouveau une question qui a soulevé de bien vives contestations dans le monde séricicole, qui n'y a rencontré que des protestations énergiques, je rappelle une méthode qui n'inspire que méfiance ou mépris ironique, quoique pourtant pleine, quoique débordant de naturel et de sens; mais soit qu'elle tende à renverser des principes séculaires, soit qu'elle froisse des opinions hautement prononcées, soit prévention ici, soit fausse application ailleurs, toujours est-il qu'elle se trouve dédaigneusement rejetée, repoussée de presque tous les éducateurs, toujours est-il même (tant il est difficile de déraciner les anciennes habitudes, les vieux préjugés, tant est puissante la confiance que l'on éprouve ordinairement pour ses propres systèmes, pour ses propres idées, tant on fait peu de cas des coutumes d'autrui, tant on met d'insouciance et de négligence dans l'exécution d'essais qui ne flattent pas ou qui peuvent détruire des usages chéris), toujours est-il, dirai-je, qu'elle ne pénétrera vraisemblablement dans certaines magnaneries que lorsque les faits, d'accord avec les arguments, en auront dans beaucoup d'autres sanctionné tout l'avantage par mille succès éclatants?

Dans tous les cas, quoi qu'il puisse en advenir, les divers sentiments tour à tour émis par ses apologistes et ses antagonistes, donnent lieu de penser qu'elle n'est pas encore malheureusement très-près de sa solution; je n'en poursuivrai pas moins cependant mes projets de réforme : qui sait d'ailleurs ce qu'il peut en arriver? N'a-t-on jamais ébranlé, n'a-t-on jamais mis au néant des convictions plus profondes, plus intimes, plus enracinées que celles que je combats? N'a-t-on jamais définitivement introduit dans les arts des innovations plus extraordinaires, plus dépréciées, plus contestées que celles que je propose ou que je défends? L'espérance, on le sait, ne se rebute pas aisément; elle insiste d'ordinaire dans ses conceptions, parce qu'elle n'est pas sans cesse déçue dans tous ceux de ses désirs frappés de la désapprobation générale des hommes.

Imbu donc de cette idée flatteuse, bercé par cette douce espérance qui tempère bien des peines et fait souvent faire bien plus que j'ose entreprendre ici, je passe, en mettant les peines de côté, à mon troisième et dernier chapitre pour faire preuve au moins de bonne volonté, faute de plus.

CHAPITRE III.

La feuille mouillée est-elle nuisible, inutile, ou bien est-
elle propice, indispensable aux vers à soie? Telles sont les
questions importantes que je me pose à moi-même avant
de chercher à les déduire? La feuille mouillée ne peut, à
mon avis, être inutile aux vers que lorsque nous en avons
de très-fraîches à leur donner; elle ne saurait leur être
contraire qu'autant que sa distribution n'aurait pas été
précédée, et ne serait pas ensuite suivie d'une chaleur
assez forte pour neutraliser les inconvénients de l'humidité
nécessairement produite, tout en lui laissant les avantages
qu'elle possède d'un autre côté. Hors ces cas isolés, elle ne
sera jamais inutile, et sera toujours propice, indispensable.
En effet, elle lave d'abord la peau des vers, la blanchit, la
nettoie, et s'oppose en conséquence à l'oblitération de ses
pores incontestablement sujets à être souvent obstrués soit
par la crasse épaisse qui résulte de la transpiration insensible ou sensible des vers, soit par ces déjections gluantes
dont ils se souillent entre eux en passant alternativement
les uns sur les autres; disséminant aussi de suite une agréable et salutaire fraîcheur entre les rayons où règnent particulièrement des vapeurs étouffantes et malsaines, elle y
condense, elle y bonifie l'air dilaté par la chaleur, usé par
la respiration des vers et vicié par les mauvaises exhalaisons
qui s'échappent continuellement de ces insectes et de leurs
litières; facilitant, en outre, par l'humidité qu'elle répand
autour d'elle, le jeu des petites lamelles logées dans

leurs stigmates, elle aide singulièrement à leur action respiratoire qui, comme celle de tout animal à sang-froid, se trouve prodigieusement gênée, embarrassée par la sécheresse envahissant très-aisément nos magnaneries, et ne tardant pas à s'y faire cruellement sentir, à y donner de terribles preuves de sa présence, si nous n'avons pas le soin d'y introduire assez d'humidité pour paralyser les inconvénients de la chaleur, sans lui faire perdre le moindre de ses avantages.

Mais pour que cet effet puisse être décidément accompli tel que nous devons le désirer, il faut que l'humidité qui doit le produire, soit proportionnée sur la chaleur de l'atelier, n'importe ce qu'est celle-ci d'ailleurs, c'est-à-dire, qu'il faut constamment rapport proportionnel entre le degré de la chaleur et celui de l'humidité, afin de faire modifier, l'une par l'autre, les dangers de chacune, afin de ne pas laisser neutraliser, absorber, anéantir par l'excès, par la prédomination de l'une ou de l'autre, les bienfaits qu'elles possèdent en particulier; car elles seront, nous pouvons en être bien certains, l'une et l'autre, bienfaisantes ou dangereuses, selon que nous établirons ou n'établirons pas entre elles le système des compensations, selon que nous réglerons ou ne réglerons pas généralement notre humidité sur notre chaleur, ou notre chaleur sur l'humidité, dans le cas assez rare, il est vrai, que celle-ci, comparativement trop forte à l'extérieur, nous contraignît, en pénétrant telle dans nos magnaneries, d'augmenter, pour rétablir l'ordre de ce rapport proportionnel interverti par elle, notre chaleur intérieure devenant alors elle-même à son tour, par cette circonstance, toute fortuite, chaleur proportionnée sur l'humidité ou *chaleur proportionnelle.*

Maintenant, quelle est la différence ou la proportion qui doit exister de l'une à l'autre, pour nous trouver sur la meilleure voie possible? Après quelques expériences et quelques tâtonnements, nous avions cru devoir faire la

part de l'humidité deux fois plus forte que celle de la chaleur ; en d'autres termes, nous avions cru devoir combiner
ensemble la chaleur et l'humidité dans les proportions
d'un à trois, sans fixer de degrés déterminés à l'humidité,
dès que ceux de la chaleur ne peuvent pas être toujours
ponctuellement suivis. Ainsi, par exemple, lorsqu'une
magnanerie serait chauffée à vingt-trois degrés, l'hygromètre devrait marquer soixante-neuf ; si des circonstances
impérieuses nous obligeaient de porter, je suppose, la température à trente degrés, l'hygromètre devrait monter à
quatre-vingt-dix ; et si d'autres circonstances opposées nous
forçaient au contraire d'abaisser, je suppose encore, cette
température à quinze degrés, l'hygromètre devrait par
conséquent descendre à quarante-cinq.

Est-ce bien, ou n'est-ce pas là précisément le chiffre de
la réalité ou la proportion de la nature ? Il peut bien se rencontrer sur ce point dissidence entre les opinions, mais on
ne saurait, dans tous les cas, contester le principe qui doit
rester intact, parce qu'il est positivement rationnel, parce
qu'il se rattache aux lois mutuellement correctives de
l'équilibre ; et une fois le principe admis, les justes proportions qui ne sont, au fait, qu'une affaire de pure évaluation,
qu'un problème à résoudre par des supputations expéri-
mentales, arriveront bien après, si celles que je présente
ne sont pas exactes, ne sont pas convenables. Toutefois,
avant de poser autre part de telles bases à de tels degrés
proportionnels de chaleur et d'humidité, j'avais attentivement consulté les goûts, les habitudes, les besoins des
vers ; et les observations que j'avais obtenues de mes recherches, s'étant à peu près trouvées d'accord avec les prescriptions de la science séricicole, relativement aux degrés
de chaleur et d'humidité qu'elle assigne à chacune d'elle en
particulier, mais uniformément à l'humidité seule, j'en
avais naturellement auguré que je pouvais bien avoir rencontré, ou que je pouvais bien avoir saisi comme elle le vé-

ritable rapport qu'il est opportun d'établir entre elles deux, tout en différant cependant de ses règles d'uniformité, frappant, je l'ai déjà dit, sur l'une d'elles seulement, sur l'humidité.

De nouveaux essais n'ayant pas changé mes convictions à ce sujet, je maintiens, en conséquence, mon humidité proportionnelle comme je maintiens même les proportions conditionnelles que je lui avais données, ou ce qui est la même chose, je maintiens le principe comme le problème lui-même, ou mieux, le principe plutôt que le problème, parce que le principe est la règle immuable d'où part le problème à résoudre, et que le problème résolu n'est même qu'une appréciation plus ou moins approximativement, plus ou moins heureusement tirée des conséquences du principe.

En effet, on ne saurait voir employer à la fois avec succès, dans une même opération, deux éléments positivement opposés, tels surtout que la chaleur et l'humidité, sans penser qu'il a été reconnu préalablement en eux des propriétés en même temps bienfaisantes et nuisibles; sans penser qu'il a été jugé nécessaire de les faire amender tour à tour l'un par l'autre ; sans penser enfin qu'ils sont, à cause d'elles, absolument indispensables l'un et l'autre et l'un à l'autre, dans les cas principalement où l'un d'eux, n'importe lequel, venant à dépasser, en plus comme en moins, les bornes des convenances qui l'ont fait adopter, il deviendrait urgent, pour éviter des accidents fâcheux, d'augmenter ou de diminuer aussi dans certaines proportions, les convenances qui ont motivé l'admission de l'autre, afin de se retrouver sous plus ou moins de puissance, dans les mêmes conditions de rapport, afin de tempérer l'excès ou de suppléer au déficit de l'un par l'excès ou par le déficit de l'autre.

Voilà ce que j'appelle le principe qui se saisit sans étude, sans calculs, sans combinaison, qui ressort incontestable, solide, invariable de ses propres conséquences, et qui nous est inopinément dévoilé par les plus simples effets de la nature.

On ne saurait non plus voir ces deux éléments opposés se prêter mutuellement secours dans tel rapport plutôt que dans tel autre, sans penser qu'il doit nécessairement en exister un dont les proportions, justement équilibrées de part et d'autre sur des résultats obtenus, constituent la précieuse harmonie, une des bases principales, je crois, de nos éducations séricicoles.

La recherche de ce rapport proportionnel est le problème à résoudre, et c'est la juste proportion rencontrée par le travail de l'homme, par ses expériences tour à tour approuvées, rejetées et reprises en considération, qui est le problème résolu.

Ainsi, quand l'homme a commencé d'élever des vers à soie, il s'est de suite facilement aperçu, qu'à part beaucoup de soins et beaucoup d'air, il leur fallait essentiellement aussi beaucoup de chaleur; en conséquence, il leur a prodigué beaucoup de soins et il a fait arriver beaucoup d'air et beaucoup de chaleur dans ses ateliers. Entièrement donc rassuré sur le sort ou l'avenir de ses éducations, il marchait en pleine sécurité, croyant avoir déjà tout fait pour ses élèves; mais, malgré toutes ses attentions, ses chers élèves périssaient également, et ses produits étaient à peu près nuls. Inquiet, étonné, il conçoit bien qu'il commet à leur égard quelque faute énorme, ou qu'il ne leur octroie pas encore tout ce qui leur était absolument nécessaire; imbu de cette idée, il tâche alors de découvrir la cause du dégât qu'il éprouve, ou ce qui leur manque au milieu de tout ce qu'il leur donne; il se débat, s'évertue, s'étudie au lieu d'étudier la nature qui l'eût aussitôt initié au simple mystère qu'il recherchait depuis longtemps avec ardeur; il invoque à son aide toutes les sciences, toutes les ressources de son génie, toutes celles de sa raison, de son esprit, de son intelligence, mais nulles ne répondent à son appel, parce que nulles ne sont absolument bien positives, ne sont absolument bien pénétrantes. Cependant, de plus en plus pressé par le mal qui dégarnit les rayons de ses magnaneries, il observe de plus en plus attentivement son insecte, et finit par découvrir que la plupart de ses vers cessaient de vivre faute de pouvoir respirer librement. Il augmente donc à l'instant ses moyens d'aérage pour multiplier, en conséquence, leurs motifs de respiration ; c'était fort bien d'un côté, car nous ne saurions jamais leur donner assez d'air, mais ses malheureux vers n'en étaient pas moins toujours malades et ne continuaient pas moins de mourir d'asphyxie et d'embarras dans toutes leurs fonctions respiratoires, attendu que le défaut d'air n'est pas la seule chose qui gêne essentiellement la respiration des animaux à sang froid, dont fait partie le précieux insecte qui nous occupe ici.

Une fois donc la pensée de cela conçue, la cause du mal fut bientôt connue ; et une fois la cause connue, le remède fut bientôt découvert, appliqué ; et la chaleur isolée qui constitue la sécheresse, cet élément sous l'impression duquel il est en effet absolument impossible aux vers à soie de respirer à leur aise, fut dotée, gratifiée de l'humidité, son antipode véritable, devenant pourtant ici sa compagne de tous les instants, sa compagne indispensable.

Le bien qui résulta de cette dotation ou adjonction, faite d'abord avec assez de réserve, avec beaucoup d'appréhension même, inspira du courage, et fit naturellement naître l'idée d'ajouter à la chaleur un peu plus d'humidité qu'on ne l'avait primitivement osé faire. Cette seconde tentative, doublant les bons effets de la première, donna nécessairement l'éveil à de plus grandes espérances ; en conséquence, la dose fut de plus en plus augmentée, et les succès se multipliant à mesure de plus en plus, l'audace, fille adoptive de la victoire, prit un tel essor, fut si loin, et fit tant à la fin, qu'elle finit par dépasser l'exact, le véritable rapport qui doit exister entre l'humidité qui n'avait pas encore de bases positives, et la chaleur que la science séricicole d'alors avait fixée à dix-huit ou dix-neuf degrés Réaumur.

Il en arriva ce qui devait naturellement avoir lieu : l'homme tomba dans l'excès opposé à celui qu'il venait d'éviter, et ses vers atteints d'autres maladies engendrées par l'humidité sortie de ses proportions relatives, ne furent bientôt plus à leur tour que d'autres cadavres abjects et autre pourriture rebutante. De là, anathème virulent, lancé mal à propos contre l'humidité en général, au lieu de s'en prendre uniquement, particulièrement à l'humidité dispro-portionnée ; de là, certains éducateurs, effrayés de pareils effets, s'en dégoûtèrent sans l'avoir seulement comprise, sans se rappeler ses utilités et ses services, sans s'être doutés d'où provenaient ses méfaits, sans avoir songé, peut-être, à des moyens préservatifs, et la maudirent en la bannissant de leurs ateliers comme une vraie peste, plus meurtrière, selon eux, que la pernicieuse sécheresse ; tandis que certains au-tres, doués de plus de sagacité, ou sentant qu'ils en avaient absolument besoin, d'après les bons offices qu'ils en avaient reçus, mais ne prévoyant pas non plus la possibilité, surtout la nécessité de la rendre favorable à tous les degrés imagi-nables, la ramenèrent au point où s'était précisément arrêté le dernier avantage qu'elle avait produit de progression en progression, et l'y maintinrent comme ils l'y maintiennent rigoureusement encore, sans faire attention que si c'est au mieux, tant qu'ils peuvent maintenir aussi la chaleur au degré convenu, ce ne sera plus bien, et ce sera même fort mal chaque fois qu'ils seront obligés, pour des motifs quel-conques, de changer la température de leur magnanerie ; car l'harmonie, cause naturelle de toute conséquence heu-reuse, se trouvera détruite, et le précieux principe des amendements réciproques sera confondu, renversé, mis de côté.

Quelques mots suffiront pour nous convaincre de cette vérité patente. Dans l'état actuel de la science, et dans l'état ordinaire de nos éducations, nous entourons communément nos vers d'une chaleur de vingt à vingt-trois degrés centigrades et d'une humidité de soixante à soixante-dix.

Sous cette disposition générale, nos succès étant très-satisfaisants, plus satisfaisants même que sous tous autres degrés de l'un ou de l'autre de ces deux éléments, le rapport entre eux est donc ici parfait, ou du moins il faut bien que nous l'ayons jugé le meilleur, puisque c'est celui que nous avons adopté après avoir essayé tous les autres.

Eh bien! que nous prouve ce parfait rapport, sous lequel tout marche au gré de nos désirs, et qui est le seul enfin que nous ayons considéré comme capable de nous conduire à de bons résultats? Evidemment deux choses bien claires, bien palpables et bien essentielles : il nous prouve premièrement, que la chaleur de vingt à vingt-trois degrés est véritablement celle qui se trouve la plus favorable à nos vers; en conséquence, nous devons, autant que possible, la leur donner telle; secondement, il nous démontre qu'il faut de soixante à soixante-dix degrés d'humidité pour amender convenablement les vices de cette chaleur de vingt à vingt-trois, c'est-à-dire, qu'il faut opposer à peu près trois d'humidité à un de chaleur; car aurions-nous fini par admettre à des degrés aussi élevés, l'humidité que nous redoutions si fort dans nos magnaneries, si nous n'avions eu réellement à faire neutraliser par elle, certaines propriétés que nous avons rencontrées décidément nuisibles dans la chaleur, toute bienfaisante, tout indispensable qu'elle est du reste?

Où le mal n'existe pas, le remède est inutile, et nous n'avons pas besoin de correctif où rien n'est à corriger.

Si donc il se trouvait dans nos ateliers absence presque totale de chaleur, il se trouverait, par conséquent, absence presque totale des particularités pernicieuses qu'elle recèle; et l'humidité que nous n'avons adoptée ici que pour les paralyser, deviendrait en ce cas, à peu près insignifiante, n'ayant rien à tempérer; et qui plus est dangereuse, n'ayant pas elle-même alors de correctif à son service pour amortir l'effet de ses périls.

Si donc il y régnait un peu plus de chaleur, il y régnerait en même temps aussi un peu plus de ses funestes influences, et, par conséquent, un peu plus d'humidité serait absolument nécessaire, et suffirait pour les pallier.

Si donc encore, il y survenait beaucoup plus de chaleur, il y surviendrait infailliblement avec elle beaucoup plus d'inconvénients à combattre; et, pour les détruire, il faudrait par conséquent beaucoup plus d'humidité, puisque ce dernier agent est dans le fait le seul antidote effectif que l'on puisse ou que nous sachions leur opposer.

Ainsi, d'après ce raisonnement fort simple, fort naturel, nous devrons, pour nous y conformer, introduire plus ou moins d'humidité dans nos magnaneries, selon que nous y aurons fait arriver plus ou moins de chaleur; eh bien! c'est alors une humidité proportionnelle qu'il nous faut, et non pas une humidité fixe, invariable, quoi qu'il en soit; d'ailleurs, aux grands maux les grands remèdes, dit-on, comme de petits remèdes à de petits maux.

Je suppose, en effet, que nous soyons obligés ou de réduire notre température à quinze degrés, ou de la porter au contraire à trente pour modérer ou pour activer le développement et l'accroissement des vers trop avancés ou trop retardés comparativement aux feuilles que nous avons à leur donner, devons-nous également maintenir notre hygromètre de soixante à soixante-dix degrés? Évidemment non, car dans le premier cas nous serions naturellement exposés à tous les dangers de l'humidité trop prédominante alors, et dans le second, à tous ceux de la sécheresse à son tour trop prépondérante; de sorte que, quoi qu'il en fût, il ne pourrait s'ensuivre de toute part que de fâcheux accidents, attendu que dans l'une et l'autre circonstances, ces deux correctifs réciproques étant de beaucoup inférieurs en force modératrice à la puissance opposée que chacun d'eux est appelé à tempérer de son côté, ne posséderaient réellement plus en cet état les qualités de leur destination.

L'argument est sans contredit incontestable, et j'avais donc raison de dire ailleurs, comme aujourd'hui j'ai raison, pour me résumer complétement sur ce point capital, de répéter ici que l'humidité régulière me paraît doublement irrationnelle, en ce sens d'abord qu'elle se trouve en opposition manifeste avec les principes positifs de l'équilibre; en ce sens aussi que, fixée de soixante à soixante-dix degrés, elle peut se rencontrer quelquefois trop ou trop peu élevée, si très-souvent elle est précisément ce qu'il faut qu'elle soit; car, ainsi que je crois l'avoir suffisamment établi, elle serait trop élevée si nous n'avions pas dans notre atelier autant de chaleur que l'exige ou l'indique la science séricicole; elle le serait trop peu si, par une cause quelconque, notre thermomètre venait à dépasser vingt à vingt-trois degrés; tandis que l'humidité proportionnelle nous paraît au contraire doublement avantageuse, doublement rationnelle, en ce sens qu'elle est à la fois relative et conforme aux règles de l'harmonie.

Nous l'avons alors adoptée, parce que, ne pouvant pas toujours obtenir dans nos magnaneries une chaleur constamment uniforme, nous avons, en conséquence, pour agir conséquemment avec les choses et les effets, cru devoir y varier notre humidité, afin que si, dans certaines circonstances, il nous était absolument impossible d'y maintenir l'une ou l'autre dans ses limites convenues, nous puissions au moins modérer la surabondance de l'une par la surabondance de l'autre, ou obvier à l'insuffisance de l'une par l'insuffisance de l'autre, et ce, dans les proportions que nous avons déjà fait connaître et qui nous paraissent les plus favorables aux vers à soie, celles d'un à trois.

Voilà pour l'humidité proportionnelle comparée à l'humidité uniforme ou déterminée; quant à l'humidité proprement dite, il me semble complétement inutile d'en faire le panégyrique et l'éloge, puisqu'elle n'est plus aujourd'hui sérieusement contestée, grâce aux merveilleux résultats qu'elle produit généralement, lorsqu'elle se rencontre à peu près conforme aux principes que nous venons de poser; nous n'avons donc à nous occuper ici que des moyens de l'introduire le plus aisément et surtout le plus convenablement possible dans nos magnaneries. Selon nous, comme nous l'avons dit autre part, de petits courants d'eau fraîche, établis à peu près tels que nous les y avons indiqués, lorsque toutefois les localités permettent de les appliquer, et puis quelques distributions de feuilles plus ou moins humectées, selon que nous avons à combattre plus ou moins de sécheresse dans nos ateliers, selon qu'il est nécessaire d'y produire plus ou moins de refroidissement, selon qu'il faut procurer plus ou moins de fraîcheur à nos vers, remplissent parfaitement bien ce but, et beaucoup mieux, ce nous semble, que toute autre méthode connue jusqu'à ce jour; mais malheureusement on ne peut pas même se faire encore à la feuille mouillée, malgré toutes ses vertus rafraîchissantes et curatives; généralement on la redoute très-fort; presqu'en tous lieux on la rebute, quoique des faits authentiques soient venus constater l'avantage de son usage opportun; enfin, dans tous les cas on la blâme, surtout dans ceux que nous avons particulièrement spécifiés, et quand bien même on ne pourrait donner à ses pauvres vers que de la feuille flétrie, desséchée, trop molle ou trop mûre, comme si ce n'était pas là précisément les principales circonstances où il est essentiellement important de l'arroser. Est-elle effectivement flétrie et desséchée, il lui faut par conséquent un peu d'eau fraîche pour la rafraîchir et la remettre dans ses conditions naturelles; est-elle trop molle, une simple aspersion d'eau fraîche va la rendre à l'instant croquante et ferme; est-elle enfin trop mûre, l'eau peut seule la rajeûnir et la ramener au point qu'elle avait dépassé trop précipitamment.

Que l'eau est donc merveilleuse et puissante, pour produire à la fois des résultats si surprenants et si différents d'eux-mêmes ! que de vertus elle possède, que de ressources il existe en elle, que de bienfaits elle recèle, et que nous sommes coupables de négliger ainsi une partie de ses propriétés immenses, de ses utilités infinies !

Eh quoi ! nous avons une feuille dépouillée de ses molécules aqueuses dont les vers se trouvent naturellement si bien, et nous ne savons les lui restituer pour la rétablir dans son état normal? Nous voyons nos infortunés insectes tout suants et n'en pouvant plus de chaleur, et nous n'osons les tirer de cette malheureuse situation qui les affaiblit, les énerve et les tue, parce que nous appréhendons pour eux, outre je ne sais quoi de positif, une transition subite du chaud au froid? Passe encore, et même oui, si ce chaud, si cette transpiration abondante étaient le résultat d'une grande activité ou de fatigues violentes; mais remarquons ici que la chaleur qui les suffoque, que la sueur qui les recouvre, sont entièrement passives l'une et l'autre, et que dès lors ces craintes sont purement chimériques, et deviennent même déplacées en présence d'expériences tentées avec succès, répétées à satiété par des éducateurs distingués, et que des hommes pleins de sagacité, de courage, de dévouement et de génie avaient primitivement osé mettre en pratique sur eux-mêmes dans l'intérêt de l'humanité souffrante, qui n'a plus maintenant qu'à s'en applaudir toutes les fois qu'elle s'y confie.

D'où vient donc que pour nos vers nous ayons peur de la feuille légèrement humectée, quand nous connaissons sur nous les propriétés hygiéniques et les vertus curatives de l'eau fraîche ; quand nous avons vu des malades réputés incurables, malgré de doctes médecins et leurs excellentes médecines, trouver une guérison miraculeuse et radicale dans des bains froids pris à la sortie d'un lit aussi chaud que possible et disposé de manière à provoquer chez eux une sudation capable de mouiller draps, couvertures, matelas et paillasse; quand nous savons aussi qu'administrée en lotions ou bains, l'eau froide donne de l'activité à la peau, la fortifie, la rafraîchit, la ranime, vivifie tout son organisme et favorise éminemment sa fonction transpiratoire; quand enfin nous savons qu'à peine introduite dans le corps d'un animal quelconque, l'eau essentiellement composée d'oxigène et d'hydrogène, se décompose entièrement, c'est-à-dire, que son oxigène se sépare instantanément de l'hydrogène son autre partie constituante, et fournit ainsi de suite une matière vivifiante à cet animal dont il stimule énergiquement en outre le jeu de ses appareils respiratoires et le travail de ses organes digestifs.

Ainsi donc, l'eau fraîche, convenablement employée, produit toujours d'excellents effets.

Eau fraîche, eau pure, eau délicieuse, par reconnaissance, je te rends hommage, toi qui m'as un peu rendu de cette forte santé d'autrefois, visiblement altérée par de profonds chagrins, de violentes secousses, de graves accidents! Eau souverainement bonne, que n'ai-je mille voix éloquentes pour te prôner dignement, toi qui préservas longtemps aussi l'humanité de médecins et de toutes leurs suites, en la garantissant de ces maladies qui de nos jours se multiplient davantage à mesure que le nombre de nos docteurs augmente, à mesure que les chimistes et pharmaciens inventent, composent de plus en plus de drogues! toi qui pendant des siècles la maintins saine et robuste, sans la participation de ces robs, de tous ces sirops anodins et de ces élixirs de longue vie, qui ne manquent guère de l'abréger plus ou moins au contraire, quand ils ne la rendent pas à jamais languissante et douloureuse, ou qu'ils n'en arrêtent pas subitement le cours! toi l'ennemie de ces passions, de ces vices honteux, de tous ces maux auxquels nous entraîne aujourd'hui la boisson pernicieuse qui te fut substituée pour le malheur du monde! toi qui es restée, qui resteras toujours la panacée de l'instinct, quand redeviendras-tu celle de la raison? Oh! bientôt peut-être, il faut l'espérer, dans l'intérêt général, pour le bonheur des hommes; aujourd'hui même, si l'on daignait enfin jeter un coup d'œil sincère et fidèle sur les services infinis que tu rends généralement en toutes choses, sur les cures admirables que tu opères! mais pas de sitôt, hélas! et jamais, si nous ne savons un jour nous arracher enfin de nousmêmes aux mains meurtrières de ces véritables vampires, si bien ainsi désignés, stigmatisés, à cause de leurs faits, et qui, destinés, appelés à nous conserver, à nous prolonger la vie, nous en ôtent au contraire, par esprit de conviction ou par ordre suprême de la science, qu'il faut bien propager, soutenir et défendre à tout prix, ce qui en est précisément le seul principe; car le sang, c'est la vie, et, par conséquent, diminuer l'un, c'est nécessairement diminuer l'autre.

Quoi qu'il soit cependant de cette fatale, de cette terrible conséquence que certains hommes de l'art désavouent complétement et contestent de toute leur puissance médicale, mais que malheureusement j'ai vu se réaliser bien souvent telle que je la mentionne ici, ne serait-il pas plus naturel, plus rationnel, plus judicieux de leur part, de nous ramener enfin à nos premières habitudes de santé, c'est-à-dire, à l'eau fraîche, qui est bien sans contredit le meilleur de tous les dépuratifs, apéritifs, résolutifs et digestifs, de tous les dissolvants, absorbants, calmants et rafraîchissants, de tous les topiques, spasmodiques, antiphlogistiques et toniques, qui est le préservatif universel, le remède par excellence, et le seul peut-être qui ne laisse pas derrière lui de funestes traces, de fâcheuses conséquences.

Aussi voyons-nous en général presque tous les animaux libres, poussés par leur instinct infaillible, s'en gorger, s'en repaître et s'y baigner dans presque toutes les circonstances maladives, quand ils n'en sont pas toutefois absolument empêchés par une cause plus puissante que le sentiment de leur mal? N'est-ce pas évidemment ici une inspiration innée, un besoin instinctif qui les dirigent souverainement dans ces démarches machinales, puisque rien ne les y contraint, puisque rien autre chose ne peut les y déterminer? Pourrions-nous alors douter que cette eau fraîche, si fortement recherchée, si ardemment désirée par tous les instincts à la fois, et qui est essentiellement tonique, rafraîchissante, humectante, qui est enfin douée de tant d'autres propriétés salutaires, ne soit aussi, dans certains moments de touffe et autres cas analogues, parfaitement applicable à nos vers à soie, tantôt inondés d'une sueur passive et débilitante, tantôt entourés d'une atmosphère qui tend à leur dessécher les entrailles et la peau, et constamment assujettis à une chaleur artificielle tellement étouffante, dans certains cas, que parfois elle les force de quitter précipitamment le milieu ou la surface de leurs rayons suffocants, pour venir chercher sur leurs bords un peu de cet air frais qu'ils y sentent, qu'ils y rencontrent en effet, qu'ils hument avec délices, avec avidité, mais qui ne peut suffire, malgré l'action énergique de la ventilation forcée et cette espèce d'humidité considérable qui s'ensuit toujours, si nous n'avons bien vite recours à de plus puissants, à de meilleurs agents, c'est-à-dire, à toutes les vertus sanitaires et bienfaisantes de l'eau fraîche; soit en arrosant abondamment les murailles, les planchers et les alentours de nos magnaneries, soit en y suspendant çà et là des linges mouillés, soit en y promenant, dans de grands vases, de la glace pilée qu'on agite et remue précipitamment, à l'effet de produire autour de nos vers étouffant de chaud, le plus de fraîcheur et d'humidité possible; car c'est bien là probablement le seul but auquel tendent ces différents moyens logiquement ordonnancés sans doute par nos meilleurs auteurs, mais dont l'exécution, toute simple qu'elle paraisse, ne laisse pas que d'être pénible et fastidieuse, lors même qu'il ne deviendrait pas obligatoire de la renouveler très-fréquemment pour obtenir un résultat quelque peu satisfaisant ?

Prenant donc pour base unique et pour règle souveraine, ce principe universellement adopté, universellement considéré, avec raison, comme très-avantageux et très-favorable à nos précieux insectes par les savants qui l'ont invoqué, par tous ceux qui le prônent aujourd'hui en le suivant avec confiance, avec certain succès, je me demande si, comme je l'ai dit autre part, de petits cours d'eau un peu rapides traversant nos ateliers en temps opportuns, lorsqu'il n'y a pas, je le répète, toutefois impossibilité matérielle, absolue, n'atteindraient pas mieux et plus aisément le but désiré, le but qu'on s'est proposé ; et si, distribuant en outre quelques repas de feuilles mouillées, dont l'idée seule fait malheureusement frissonner encore bon nombre d'habiles sériciculteurs combattant avec force et talent leurs qualités prophylactiques et thérapeutiques, luttant avec adresse et persévérance contre leur application cependant si salutaire, chaque fois qu'elle est faite à propos, nous ne porterions pas plus subitement, plus directement, plus abondamment, et surtout mieux qu'autrement à nos intéressants élèves, cette humide fraîcheur que nous recherchons si ardemment pour eux, et qui leur est en effet si propice dans beaucoup de cas.

Les courants d'eau, nous l'avons encore fait pressentir ailleurs, et nous persistons toujours à le croire, d'après ce que nous avons vu, ce que nous avons éprouvé, ressenti, ce que tout le monde peut avoir ressenti de même, laissent généralement sur leur passage des traces non équivoques d'une salubrité nulle autre part aussi parfaite : autour d'eux, on rencontre aux temps chauds, lourds, énervants, une fraîcheur qui fait plaisir et qui fait du bien ; on y est à l'abri de cette chaleur étouffante qui assomme, accable et qui tue; on s'y plaît beaucoup, et l'on revient souvent en conséquence, par entraînement naturel, visiter leurs bords charmants et délicieux, parce qu'on s'y trouve admirablement bien; auprès d'eux, on se sent agile, léger, dispos à toutes choses; on y respire tout à fait à son aise, et mieux que partout ailleurs, preuve incontestable que l'atmosphère environnante est pure, saine, dégagée de tous mauvais miasmes, qu'ils soient ou non rejetés un peu plus loin par l'agitation, quelque faible qu'on la suppose produite par l'effet de ces courants, ou qu'ils soient ou non détruits, annulés, anéantis par un dégagement insensible, inaperçu des principes qui constituent l'eau, et qui sont également ceux de l'air vital.

Aussi l'on remarque aisément que dans ces riantes vallées où coulent de belles eaux, où la végétation étale en conséquence un luxe splendide et toutes ses richesses, les hommes sont robustes et bien portants, les femmes sont fraîches, alertes, sémillantes, vives, douées d'une aimable gaîté, d'un enjouement agréable, vrais types d'une bonne santé; tandis que dans les marais fangeux, dans les lieux où il n'existe pas de courants d'eau vive, les uns et les autres sont chétifs, hâlés, fanés, sauf pourtant d'assez nombreuses exceptions; car il y a fort heureusement partout des femmes parées de tous les attrayants, de tous les intéressants attributs de celles que nous venons de citer, de peindre, de retracer, pouvant à toute heure, à tout moment, le plus souvent possible, aller se mirer délicieusement dans cette onde claire et limpide qui les avoisine, qui les a rafraîchies si souvent, qui a contribué peut-être à les embellir, qui les reflète mille fois par jour si dignes de plaire, si gracieuses, si contentes de s'y voir ainsi faites, qu'elles s'en sourient agréablement à elles-mêmes de plaisir et de bonheur, tout en la caressant de ce regard insinuant et magique qu'on leur connaît, et qui n'appartient qu'à elles, de ce regard plein de charmes, plein de séduisantes minauderies, comme pour la remercier affectueusement de rendre avec fidélité leur aimable, leur tendre fraîcheur à laquelle elle n'est pas tout à fait étrangère, si toutefois elle n'en est pas la seule ou la principale cause.

C'est qu'elles savent que cette fraîcheur est le vrai reflet de l'inestimable santé, est le premier attribut de la beauté dont elles font plus de cas, dont elles connaissent si bien par mille traits de douce souvenance tout l'agrément, le pouvoir et l'ascendant, qu'elles en font leur joie suprême, leur souverain bonheur, et témoignent toujours infiniment de gré à tout ce qui leur en retrace les précieux caractères.

C'est qu'elles savent aussi qu'une jolie femme est une bien jolie, une bien puissante chose, puisqu'elle peut tout sur l'esprit, sur le cœur de l'homme par les tendres sentiments, par les passions violentes qu'elle sait insinuer, qu'elle sait exciter, et dont parfois elle se joue gaiement au gré de ses caprices, au gré de ses fantaisies, ou dont elle use adroitement pour l'accomplissement de ses moindres désirs, pour l'exécution de ses petits comme de ses grands projets.

Eh bien ! alors, sexe enchanteur qui vous complaisez si fort dans de charmants atours, et qui vous sentez, à la vue d'une force que vous avez à maîtriser, le besoin de beaucoup de charmes, venez demander à de petites eaux courantes ainsi qu'à l'air libre, frais, doux et salutaire qui règne constamment sur leurs bords riants et pleins de vie, les formes potelées et vivaces du corps, la fraîcheur et les attraits du visage, tout ce qu'il vous faut enfin pour faire, pour vous assurer de brillantes conquêtes ; car ici la cause qui est l'eau vive et fraîche donne naissance aux conséquences qui sont de jolies femmes toutes florissantes de santé, et de beaux hommes bien constitués, devenus les zélés partisans, les prosélytes ardents de la séduisante *cause* par amour des séduisantes *conséquences*.

Eh bien ! alors aussi, bons éducateurs de vers à soie, devenez à votre tour, par amour de vos chers élèves, les zélés partisans de cette eau fraîche, *cause* de si beaux résultats; car, en serpentant à propos, aux temps opportuns, dans vos magnaneries assez ordinairement malsaines, et malheureusement sujettes, sur la fin des éducations surtout, à de terribles, à de mortelles touffes, elle y porterait sans contredit également cette même salubrité dont nous venons de retracer les bienfaits; cette précieuse salubrité où doivent tendre principalement tous nos efforts, toute notre sollicitude, y occasionnerait, en outre, ce refroidissement subit que tous les auteurs bien renseignés conseillent, qu'ils considèrent même avec raison comme indispensable aux vers à soie, et qui leur procure en effet de suite un soulagement sensible et notable, une amélioration remarquable et satisfaisante.

C'était donc pour parvenir plus droit, plus efficacement à ce double but, que nous avions émis autre part l'idée de nos cours d'eau, entraînant, balayant tous les miasmes délétères, et laissant sur leur passage une partie de leur fraîcheur humide et salutaire, une partie de l'air vital qu'ils charient ou dont ils sont revêtus. Puissent-ils, en ce sens, fixer enfin l'attention des éducateurs! puissent-ils être compris, essayés, adoptés! puissent-ils surtout répondre à toute l'espérance que nous en avions conçue, énoncée sur de significatives probabilités, sur les effets de la nature, sur ceux de notre propre expérience!

Quant à la feuille mouillée que beaucoup de personnes blâment et prohibent, que quelques-unes en très-petit nombre approuvent et mettent en usage, que quelques autres n'interdisent maintenant plus, mais n'osent encore employer, et dont j'ai naguère promulgué, après en avoir fait l'essai, les précieuses, les éminentes qualités avec tout le feu, tout le zèle d'un esprit fortement ébranlé, positivement convaincu par les résultats obtenus, je persiste aujourd'hui plus que jamais dans mes opinions, et l'envisage de nouveau comme très-favorable aux vers à soie, lorsqu'ils ont très-chaud ou qu'il ne règne pas autour d'eux assez d'humidité, et comme décidément indispensable lorsqu'ils suent abondamment, lorsqu'ils sont privés d'air frais, ou qu'on ne peut leur donner que de la feuille flétrie, mollasse ou trop dure. Je crois même que ce sont presque les seules circonstances où il faille en user largement; en tous autres cas, il est prudent, je pense, d'en agir sobrement, modérément avec elle, car il est possible qu'elle pût alors leur être pernicieuse, leur être nuisible; mais qu'on ne s'y trompe pas, il me semble qu'elle est très-propice, très-avantageuse, si toutefois elle n'est pas d'une absolue nécessité dans ceux que j'indique ici.

En effet, servant à la fois de lotions, de bains, de boisson, elle exerce par conséquent une action générale sur tout l'individu du ver à soie, donne, rend à tout son organisme tant extérieur qu'intérieur, en vertu des propriétés réelles que possède l'eau et qu'on lui reconnaît parfaitement aujourd'hui, cette énergie, cette force vitale qu'il perd au milieu des sueurs, et dont il a tant de besoin pour supporter les pénibles, les différentes épreuves auxquelles il est assujetti ou qu'il doit subir.

Maintenant si, d'une part, on fait sérieusement attention que les sueurs sont très-salutaires à tous les êtres organisés, si l'on ne peut révoquer en doute qu'elles les préservent d'une foule de maladies, et guérissent souvent à elles seules celles qui leur surviennent, en entraînant avec elles les germes ou principes morbifiques qui en sont bien certainement les causes positives, ainsi que le prouve incontestablement l'odeur infecte qu'elles exhalent, on conçoit facilement qu'il est très-essentiel de les seconder, de les provoquer, de les entretenir dans tous les cas, on conçoit qu'il est même fort important de les appliquer indistinctement à tous les animaux que l'on élève par plaisir ou spéculation, ou que l'on traite pour défaut ou perte de santé, et principalement au ver à soie plus sujet peut-être que tout autre animal, dans son état de domesticité surtout, à de fortes affections maladives.

Si , d'une autre part , on envisage que la sueur, toute bienfaisante qu'elle est , enlève cependant à la peau le ressort , le nerf , l'élasticité qui lui convient, qui lui est nécessaire , relâche la fibre et le tissu cellulaire, affaiblit, énerve l'économie animale, et lui cause en conséquence un préjudice considérable , on est presque tenté, il faut l'avouer, d'en prohiber l'usage au premier abord ; mais, en raison des bienfaits immenses qu'elle répand , qu'elle produit , on est en même temps enclin à chercher, à employer un moyen qui puisse paralyser ses fâcheuses conséquences, et permettre de s'en servir, de l'utiliser en toute occasion, dès qu'il est décidément établi qu'elle opère toujours d'excellents, de merveilleux effets, et qu'au fond elle fait plus de bien que de mal.

Si l'on considère après que l'eau fraîche administrée à fortes doses tant extérieurement qu'intérieurement, est ce moyen efficace ; si l'on ne peut, au point de vue scientifique, lui contester la vertu de pallier, d'amender les inconvénients majeurs des sanitaires et curatives sudations, et si même, d'après les relevés exacts d'expériences bien faites et admises comme choses jugées ou réelles, il est aujourd'hui matériellement impossible de lui refuser les autres qualités bienfaisantes dont nous avons déjà fait la longue et sincère énumération, d'où vient que d'érudits docteurs en défendent généralement l'emploi dans leur pratique médicale, et que d'habiles sériciculteurs recommandent expressément dans leurs ouvrages de ne donner en aucune circonstance de la feuille mouillée aux vers à soie, quoique constamment soumis, dans nos ateliers fermés, à l'action délétère d'une chaleur artificielle bien autrement desséchante que la chaleur naturelle, d'autant mieux que nous ne savons pas ou que nous ne voulons pas la rendre, autant que possible, onctueuse, comme celle-ci, en la chargeant de l'humidité qui lui manque, car l'humidité est tout aussi nécessaire que la chaleur, et l'une est ici

réciproquement indispensable à l'autre à de certaines con—
ditions.

En effet, il faut de la chaleur aux vers à soie, comme il
leur faut une humidité proportionnée sur elle ; c'est du
moins ce que nous avons essayé de constater, d'établir
dans ce petit opuscule et dans la polémique que nous avons
eu malheureusement à soutenir contre un spirituel, un savant, un redoutable adversaire.

La première les fait d'abord marcher plus rapidement
au dénoûment, favorise surtout puissamment toutes leurs
fonctions animales, sauf cependant celle de leur respiration (ce qu'il ne faut pas perdre de vue), et leur procure
de plus des sudations abondantes, auxquelles de profonds
observateurs attachent maintenant de grandes vertus. La
seconde (non pas cette infectante humidité des litières, pas
plus que celle non moins irrationnelle de la ventilation forcée, en ce que, puisée dans l'atmosphère extérieure à des
degrés tantôt faibles, tantôt considérables, selon le temps
et les moments, elle nous arrive nécessairement tantôt in-
suffisante, tantôt trop forte, et doit en conséquence se rencontrer rarement d'accord avec notre température intérieure
à peu près toujours uniforme, mais bien cette salutaire humidité que l'on peut aisément augmenter ou diminuer suivant les besoins, que l'on peut diriger à volonté, que l'on
obtient naturellement au moyen de la feuille mouillée et
de l'eau fraîche répandue à propos, ou passant par intervalle dans nos magnaneries), la seconde, disais-je, *l'humidité proportionnelle*, je le mentionne encore de nouveau,
corrige l'âpreté de la chaleur dont on ne peut se passer et
les abus des bienfaisantes sudations ; elle maintient plus
longtemps la feuille dans sa constitution aqueuse, juteuse
et gommeuse, rafraîchit les vers n'en pouvant plus de
chaud, les rend plus souples, plus agiles, répare leurs
forces abattues, énervées, excite singulièrement leur
appétit, et stimule, en un mot, l'action de leurs appareils

respiratoires avec autant de puissance et d'énergie que la chaleur la contrarie : ce qui établit cet équilibre que je considérais tout à l'heure ici comme de la plus haute importance, comme un des motifs de nos triomphes séricicoles, comme un des moyens de conserver la santé de nos précieux insectes.

Et d'ailleurs que se passe-t-il autrement pour eux, en Chine qui est leur patrie, leur pays prédestiné, qui est cette partie du globe où tout semble avoir été disposé exprès pour eux par le souverain Créateur, dont chaque créature se trouve en effet si bien placée sur chaque point de cette immense création, que tout y prospère et réussit à merveille, naturellement et de soi-même, comme si rien ne pouvait être différemment.

Eh bien ! à cette place évidemment désignée, marquée par la main de Dieu ; eh bien ! là où ils croissent sans maladies et se multiplient sans pertes comme sans dégénération, quoique sans soins de la part de l'homme, ils suent beaucoup pendant le jour, reçoivent pendant la nuit des lotions continuelles de rosée fraîche, et mangent à discrétion des feuilles chargées d'eau, et composées en grande partie de molécules aqueuses, de particules gommeuses.

Ainsi la nature, toujours prévoyante, toujours habile, toujours soigneuse dans ses opérations, les débarrasse chaque jour, par les sueurs passives qu'elle leur procure, de tous les germes maladifs qui se forment naturellement dans leur économie animale ou qui sont inhérents à leur espèce, et puis, pour remédier de suite aux préjudices, au mal que pourraient, d'un autre côté, leur occasionner une forte chaleur et ces pertes copieuses fréquemment renouvelées, elle répand chaque nuit aussi sur eux tous les bienfaits de sa rosée réparatrice, et tient sans cesse à leur disposition de la feuille humide et fraîche, de la feuille pleine de jus et de gomme.

D'après cela, comment se peut-il faire que nous n'osions

pas même rafraîchir de temps à autre, avec de la feuille légèrement mouillée, nos malheureux vers continuellement exposés dans nos ateliers à toutes les ardeurs délétères d'une chaleur artificielle d'ordinaire très-desséchante, quand nous savons que la nature, constamment heureuse dans toutes ses éducations, se sert en leur faveur, avec un succès complet, de tous ses moyens rafraîchissants, aussi souvent et presque aussi longtemps qu'elle les gratifie des bons effets de son puissant et beau soleil de la Chine et de l'Inde.

Comment se fait-il aussi que nous ayons eu la fatale pensée, que nous ayons la fatale persévérance de faire cueillir notre feuille de mûrier quelques jours à l'avance exprès pour lui donner sans doute le temps de perdre une ou plusieurs des particules dont elle est revêtue, comme s'il pouvait exister en elle quelque chose d'essentiellement nuisible aux vers à soie, comme si nous ne savions pas positivement qu'en Chine et dans l'Inde où leur prospérité ne laisse rien à désirer, ils mangent à discrétion, à profusion sur l'arbre de la feuille pourvue, imprégnée de toutes ses molécules intégrantes. Donc celles que nous cherchons à lui dérober, et que nous lui dérobons en effet par une cueillette anticipée, mais qui certes ne lui ont pas été adjointes, incorporées par l'omnipotent Créateur, sans desseins, sans motifs, sans utilité pour eux, ne contiennent pas, ne peuvent pas contenir, ainsi qu'on se l'est figuré, sans spécifier pourtant de prétextes spécieux, des principes préjudiciables et pernicieux aux créatures qui s'en repaissent uniquement, puisque constamment pleines de vigueur et florissantes de santé, elles donnent d'excellents, d'étonnants produits, après en avoir consommé des masses pour leur subsistance ou leurs autres besoins et leur destination spéciale.

L'argument est irrésistible, et ne pas s'y rendre, ne pas servir à la table de nos vers réduits au triste état de domesticité, de la feuille telle qu'ils la mangent avec succès sur l'arbre dans leur état de nature, et telle qu'elle a été composée incontestablement exprès pour eux, dès que, seuls parmi tous les insectes, ils ne recherchent et n'attaquent qu'elle seule, c'est-à-dire attendre pour la leur distribuer qu'elle se trouve dépouillée, par l'espèce de dessication insensible qu'elle subit, de partie de ses principes constituants, me semble une autre anomalie que je ne puis comprendre, dont je ne peux me rendre compte, que j'ai toujours fortement désapprouvée, et que je n'ai jamais pu me résoudre à suivre, quoique partagée, quoique bien recommandée par de bons auteurs, d'habiles éducateurs, parce que, dès mon début même dans l'art séricicole, elle m'a paru tout à fait intempestive, tout à fait opposée aux préceptes immuables qui gouvernent si miraculeusement nos intéressants insectes.

Certes, ce n'est pas là, je le sais de reste, une assertion bien convaincante, bien déterminante, une recommandation à faire valoir et sur laquelle je me fonde particulièrement, car je suis loin de me croire le jugement plus sain, plus exempt d'erreur qu'un autre ; mais ici les faits parlent, l'œuvre de Dieu se fait sentir, et devant eux, devant elle, la raison de l'homme doit se taire, pâlir et se résumer.

En effet, avidement dévorée sur l'arbre avec toutes ses combinaisons, la feuille de mûrier est-elle ou non nuisible, est-elle ou n'est-elle pas favorable aux vers à soie, telle que Dieu l'a faite? C'est là que repose toute la question. Eh bien! il est matériellement impossible qu'elle leur soit contraire, puisqu'en la mangeant revêtue de toutes les parties qui la composent intrinsèquement, ils arrivent à la dernière période de leur existence, vigoureux, robustes et bien portants ; elle leur est évidemment propice, puisque, comme nous l'avons déjà dit, ils font, après s'en être exclusivement nourris, de magnifiques cocons.

Au reste, Dieu bon, Dieu tout-puissant, qui voit, qui sait, qui connaît tout, qui a tout prévu, qui n'a rien fait qui ne soit indispensable et parfait, Dieu a-t-il pu glisser par ignorance, inadvertance ou mauvais vouloir, a-t-il réellement introduit, dans l'alimentation spéciale d'une de ses créatures, une seule substance pernicieuse ou totalement inutile? Avec tout le monde, je crie bien haut, mille fois non, en contemplant avec ivresse toutes ses œuvres en général, et mille fois encore non, en examinant de près, en particulier, le merveilleux travail de l'admirable créature qui nous occupe, et qui se repaît uniquement de cette alimentation visiblement avantageuse, positivement nécessaire dans son entier.

Qui donc a pu nous déterminer et nous porter, en face de si puissantes manifestations, à cueillir notre feuille de mûrier quelques jours à l'avance, pour la dépouiller par l'évaporation ou autrement, de certaines matières que nous lui supposons, sans démontrer pourquoi, décidément funestes à la santé des vers à soie, et qui vont au contraire leur faire infailliblement faute ou défaut, attendu qu'il n'existe rien de trop ou d'inutile dans les créations divines, attendu qu'il n'est malheureusement que trop vrai qu'elle perd beaucoup à la suite d'une cueillette anticipée, quelle que soit d'ailleurs la fraîcheur des lieux où nous la déposions, quels que soient en outre tous les soins que nous puissions en avoir; et la preuve, c'est que peu de temps après avoir été ramassée, elle pèse bien moins qu'au moment où nous l'avons récoltée, ainsi que l'a fort bien établi, dans son savant traité sur la muscardine, un auteur très-compétent et digne de foi, M. Robinet, excellent homme, à qui je dois, à plus d'un titre, une reconnaissance sans bornes.

Maintenant qu'a-t-elle perdu? Est-ce de l'eau, du jus, de la gomme, autre chose? ou bien est-ce à la fois un peu de tout cela? Peu nous importe; il suffit qu'elle ait perdu quoi que ce soit, pour qu'elle ne soit plus aussi bonne, aussi convenable, pour qu'elle ne soit plus ce que Dieu l'a faite, ce qu'il fallait par conséquent qu'elle fût; autrement il faudrait, au moment de sa formation, supposer, de la part du Créateur, bien peu de conséquence dans cette composition, ce qui ne peut raisonnablement s'admettre en présence des effets et des choses.

Ainsi donc, pour se rapprocher des conditions de la nature, il me paraît fort important, d'après toutes ces considérations remarquables, de ne donner aux vers à soie que des feuilles récemment cueillies, ou légèrement humectées, lorsqu'il ne s'agit toutefois que de les raviver un peu dans le cas où, crainte de se trouver au dépourvu, on se croirait obligé, on croirait opportun d'en ramasser de certaines quantités à la fois, attendu qu'il m'a toujours effectivement semblé qu'aussitôt mouillées et bien mélangées à mesure, elles reprenaient une belle couleur verte, et redevenaient vraiment fraîches, croquantes, gommeuses, d'où l'on doit naturellement conclure ou du moins conjecturer que l'eau les rétablit pour ainsi dire dans leur état primitif, leur restitue en quelque sorte les qualités précieuses dont les avait dépouillées sans doute une évaporation trop prolongée.

Au reste, plus la feuille sera distribuée fraîche et humide sur les rayons, et plus de temps elle y restera propre à l'alimentation : on ne peut disconvenir de ce fait sur lequel tout le monde est, sans contredit, d'accord. Eh bien ! cet avantage est immense, est inappréciable, et suffirait même à lui seul de point déterminant, lorsqu'il n'en existerait réellement pas d'autres pour nous décider irrévocablement ; car, moins vite elle sera flétrie dans nos ateliers qui tendent d'eux-mêmes à la dessécher promptement, plus elle sera facile à ronger, mieux elle sera nécessairement mangée ; moins en conséquence il restera d'elle de quoi faire de dangereuses litières, et plus elle fournira par conséquent de matière nutritive sous même poids, sous même volume.

Les petits vers surtout, qui ne peuvent, à leur naissance et dans leur premier âge, que l'attaquer très-difficilement et lentement, réclament de notre part une nourriture susceptible de se conserver succulente et tendre le plus longtemps possible, pour qu'elle puisse être, aussi longtemps que faire se peut, accessible aux faibles agents chargés de la transmettre aux organes délicats de la digestion, sinon elle n'aura pu contenter les vers dans tous leurs besoins, sinon elle se trouvera fanée, hors d'état de servir avant d'avoir pu être toute dévorée, tout utilisée, avant d'avoir pu satisfaire entièrement leur appétit vorace.

De tels inconvénients sont graves et se sont nécessairement trop bien fait sentir dans tous les temps, pour que l'on n'ait pas cherché sérieusement à s'en préserver; néanmoins, comme ils n'ont été, par malheur, qu'en partie compris, ils n'ont pu dès lors être qu'en partie combattus, qu'en partie vaincus; car il ne faut pas croire que la fréquence outrée des repas, seul moyen qu'on leur oppose encore aujourd'hui pendant tout le cours des éducations, satisfasse totalement leurs différents et pressants besoins. Au surplus, le remède qui, dans un sens, est tout naturel et fort judicieux, en ce qu'il donne aux vers à soie la précieuse faculté de s'alimenter à de fréquents intervalles, mais qui malheureusement n'empêche pas que la feuille ramassée trop à l'avance, ne soit plus ce qu'elle était sur l'arbre peu d'instants même après sa cueillette, se trouve alors nécessairement incomplet, imparfait, et ne me paraît pas en outre tout à fait exempt de certains abus. J'augure en conséquence qu'il convient d'en user avec modération, parce que trop d'exagération dans son emploi multiplierait non-seulement les peines déjà même très-pesantes par la distribution journalière de sept ou huit repas, ou l'application exacte de mille autres petits soins particuliers, et grossirait de beaucoup les dépenses, sans pour cela grossir dans les mêmes proportions les produits à titre de subvention ou de compensation, mais augmenterait encore le volume, l'embarras, l'inconvénient des litières, à supposer même, ce qui ne se peut guère, qu'il ne fût pas en réalité donné plus de feuilles à nos insectes en seize ou dix-huit repas par jour, ainsi que le conseille et l'exécute la haute science d'aujourd'hui, qu'en sept ou huit repas, comme on le pratique à peu près le plus habituellement dans beaucoup de magnaneries parfaitement tenues et dirigées; car, d'une part, il est positif que l'on aime en général bien mieux, et l'on a raison, qu'il en reste sur les litières après chaque repas consommé, que s'il en manquait, et, d'autre part, on conçoit aisément que, distribuées en moindres quantités à la fois, en couches moins épaisses, elles offrent indubitablement plus de prise à la chaleur desséchante de nos ateliers, d'autant mieux que, par le fait de l'homme toujours inconséquent dans ses idées comme dans ses œuvres, elles arrivent, sur nos rayons brûlants, un peu sèches, un peu fanées déjà par le laps de temps qu'elles ont resté cueillies, d'où résulte nécessairement des deux côtés plus de litières, et dès lors aussi, sans plus de profit pour les vers, une plus grande perte de feuilles pour nous, telle même qu'il y a tout lieu de penser, d'après quelques épreuves comparatives assez exactement observées, que les vers provenant de 31 grammes de graine seraient, toutes choses égales d'ailleurs, mieux et plus convenablement alimentés avec 800 kil. de feuilles distribuées en sept ou huit repas par jour, aussitôt qu'elles auraient été cueillies et refroidies, qu'avec 1,000 kil. de pareilles feuilles données en seize ou dix-huit repas, vingt-quatre heures seulement après avoir été ramassées, si l'on n'avait pas eu toutefois la précaution de les arroser au moment de leur distribution, pour leur restituer en quelque sorte ce qu'elles ont perdu d'essentiel à la subsistance comme à la santé des insectes qu'elles sont destinées à nourrir et à désaltérer.

Et cela est si vrai et paraît si vraisemblable, en examinant de près tout ce qui se passe à ce sujet, que la négative absolue de la conséquence ne peut être invoquée contre ; on pour-

rait tout au plus alléguer de l'exagération dans la différence
que j'établis entre telles ou telles feuilles données de telle
ou telle manière ; on pourrait tout au plus accorder moins
d'avantages aux unes et attribuer moins de désavantages aux
autres ; en d'autres termes, on pourrait faire la part de l'inconvénient plus petite, et celle de l'avantage moins grande ;
mais on ne peut, quant au fond, nier complétement la conclusion, si contraire que l'on soit aux opinions que j'émets
ici, ou si prévenu que l'on puisse être en faveur de celles
qui leur sont opposées.

Il est d'abord absolument impossible de contester que des
feuilles soumises plus directement à une haute température
et cueillies moins récemment que d'autres, n'aient pas plus
de tendance, toutes choses encore égales d'ailleurs, à se
dessécher, et ne se dessèchent pas en effet plus rapidement
que celles-ci ; car le plus simple raisonnement, la plus légère observation, le moindre retour sur des idées inconsidérément avancées suffiraient pour en constater la preuve au
besoin, sans invoquer les faits plus concluants.

Or donc, s'il y a desséchement plus rapide de la feuille,
il y a sans contredit déchet quelconque plus actif, et dès
qu'il y a déchet, il y a nécessairement perte réelle d'une
ou de plusieurs de ses molécules intégrantes, il y a par conséquent diminution de convenance pour les vers qui se
trouvent ainsi privés de partie de leur pâture par exception, il y a surcroît aussi de dépenses pour nous qui avons
alors à fournir une nourriture plus copieuse, plus abondante pour n'opérer toutefois que le même résultat, sous le
rapport seul encore de l'alimentation matérielle ou purement nutritive, attendu qu'ici les quantités ajoutées ne
peuvent pas suppléer aux qualités perdues.

Il est, en outre, matériellement impossible de douter que
ces mêmes feuilles n'aient pas, avant tout, éprouvé un premier, un semblable, un aussi funeste déchet que celui re-
laté ci-dessus, par suite des mauvaises conditions où les

avait placées une faute inqualifiable, celle de les cueillir longtemps avant de vouloir les distribuer aux vers ; car, dans l'incertitude, un juge irrévocable, un juge impartial et sincère, un juge qui n'inspire de méfiance à personne, qui fait foi partout, qui met tout d'accord et règle tous les différends d'un trait, la sévère balance est là pour établir sans réplique que le déchet a lieu, et qu'il est même plus considérable qu'on ne saurait se l'imaginer.

Au surplus, les éducateurs qui le prétendent utile, ne le nient pas, et savent bien qu'il existe réellement, puisqu'ils le provoquent exprès. Ont-ils tort, ou bien ont-ils raison ? A mon avis, la solution n'est pas douteuse, et je la trouve pleinement résolue par les beaux élèves de la nature qui ne change, ne retranche absolument rien à la subsistance particulière qu'elle leur a destinée pour bonnes causes sans doute, comme nous le démontre assez clairement le merveilleux ouvrage qui en dérive.

Ainsi devons-nous faire pour que les nôtres ne soient pas privés de quelques-uns des principes essentiels qui entrent dans la composition naturelle de cette subsistance toute spéciale, ou n'attendons pas d'eux des produits complets, ne leur ayant pas donné une alimentation complète ; car la matière secondaire, qui, dans tous les cas, est le produit, pèche toujours en qualité ou en quantité, par où manque la matière première qui est ici la feuille de mûrier blanc. Il manquera donc à la soie qui est ici le produit, tout ce qu'on aura fait ou laissé perdre imprudemment à la feuille qui est le motif de la production, parce que les vers, qui mangent l'une et qui font l'autre après, ne pourront pas rendre ou restituer ce qu'ils n'auront pu prendre et plus qu'ils n'auront véritablement reçu, si toutefois encore ils ne périssent pas avant des suites ou des effets d'une alimentation imparfaite.

En conséquence, évitons de tous nos efforts l'évaporation, je dis même la volatilisation insensible de la feuille et toute perte d'elle, c'est-à-dire donnons-la fraîchement cueillie et de manière à ce qu'elle ait peu de tendance à se faner sur nos rayons desséchants, de manière également à ce qu'il s'en perde le moins possible ; car tout ce qui s'en volatilise manque nécessairement aux vers et compromet à coup sûr leur santé, comme tout ce qui s'en perd, froisse évidemment nos intérêts, en ne servant de rien, en cessant d'être utile, en exigeant de nous à la place des additions proportionnelles de ce précieux comestible.

Eh bien ! alors quatre choses, entre autres, me paraissent devoir être rejetées de nos usages ordinaires, parce qu'il est évident que les inconvénients que je signale ici peuvent être produits , en sens contraire, par elles quatre au moins, savoir : cueillette anticipée, distribution trop fréquente, distribution trop rare, subdivision de la feuille.

J'ai déjà retracé les abus d'une cueillette anticipée, je n'y reviendrai donc pas.

J'ai fait entrevoir aussi quelques dangers à la méthode qui met à chaque instant des feuilles à la disposition de nos vers, et je n'ose en dire davantage, de peur de soulever contre moi tous les foudres de la science nouvelle. Cette méthode semble en effet, au premier abord, tellement conforme aux principes de la nature que j'invoque en tout, ou tellement susceptible d'améliorer les fâcheuses conditions où nous plaçons communément nos intéressants insectes, qu'il paraît y avoir réellement de ma part excessive incurie et grande inconséquence, de manifester contre elle des doutes, ou de témoigner des craintes sur son emploi. Cependant, comme tout ne se passe pas absolument de même des deux côtés, il n'est pas en conséquence décidément sûr que j'émette ici une idée qui ne soit au contraire positivement en harmonie avec la véritable constitution organique des vers à soie. C'est ce que je vais essayer d'établir très-succinctement.

Dans leur état de nature, ces insectes ont bien continuellement, il est vrai, des feuilles à leur portée, à leur service ;
mais ils ne les recherchent que lorsqu'ils en sentent l'urgente
nécessité, et celles qu'ils n'ont pas achevé de brouter ne sont
ni perdues, ni capables d'engendrer aucune infection nuisible ; plus tard, ils les reprennent tout aussi fraîches, tout
aussi bonnes qu'elles étaient auparavant d'être entamées ;
chaque fois qu'ils s'en sont rassasiés, ils les digèrent paisiblement ensuite, et ne se dérangent qu'autant qu'ils éprouvent de nouveau le besoin de recourir à elles pour satisfaire
leur faim ou leur soif ; de sorte que les indispositions qui
puisent leur origine dans de fausses digestions, ne viennent
jamais les surprendre ni les attaquer.

Dans leur état de domesticité, les vers sont, je le sais parfaitement aussi, dans une situation qui réclame de nous de
fréquentes distributions de feuilles, ne fût-ce que pour leur
humecter, à de courts intervalles, les entrailles desséchées
par la chaleur artificielle que nous sommes forcés de leur
imposer, à l'effet de les replacer dans leur sphère habi-
tuelle. Mais il faut cependant une raison dans tout, de la
proportion pour tout, ou d'un abus nous risquons de tomber dans un autre ; et d'ailleurs imitons-nous bien réellement la nature en tenant pour ainsi dire leurs tables constamment garnies de feuilles ? Car leur donner, comme le
conseille la haute science, dix-huit repas par jour, ou, ce
qui est la même chose, un repas toutes les soixante et
quinze minutes, n'est-ce pas leur donner à peu près toujours ! Eh bien ! c'est beaucoup trop onéreux pour nous,
c'est plus que nos forces physiques ne peuvent en supporter ; c'est même beaucoup trop pour les vers qui n'en
font certes pas autant sur l'arbre ; c'est aussi beaucoup trop
pour leurs forces digestives qui sont en outre, qui sont, au
reste, bien moins énergiquement stimulées dans nos ateliers qu'en plein air, et qui probablement y fonctionnent
infiniment plus mal ; d'où résulterait alors la conséquence

matérielle que, toutes choses égales d'ailleurs, il serait, au contraire, plus rationnel et plus logique de chercher à les alimenter un peu moins souvent qu'ils ne chercheraient à s'alimenter, ou qu'ils ne s'alimentent réellement eux-mêmes dans un état naturel.

Je dis d'abord qu'il est trop onéreux, trop fatigant pour nous de donner dix-huit repas par jour; et, dans le fait, il suffit de considérer, pour se convaincre de l'évidence de cette opinion, qu'en proportionnant les bras sur telle quantité de vers élevés, il avait été démontré par les résultats, qu'il n'était guère possible aux mêmes personnes de leur distribuer journellement plus de quatre repas; sont-elles encore très-occupées, très-gênées, ont-elles assez à faire, lorsque toutefois elles veulent bien, en bonne conscience, ou en bons éducateurs, ne pas s'alléger, s'adoucir les peines de la charge qu'elles ont entreprise, ou les embarras de la spéculation industrielle qu'elles ont tentée? De façon que, pour octroyer seize ou dix-huit repas, au lieu de quatre, il nous faudrait quatre fois autant de bras répartis en quatre postes différents. Ainsi, nous quadruplerions non-seulement nos frais qui ne seraient certes plus alors en rapport avec les produits que vainement nous attendrions en plus ou en dédommagement, de cette manœuvre dispendieuse et pénible, mais encore nous nuirions essentiellement à nos élèves par un aussi fréquent changement ou par une aussi fréquente substitution de mains; car, si bien que chacun pût faire de son côté, il existerait toujours dans la manière de les panser, de les traiter, une différence quelconque qui ne pourrait leur être que très-préjudiciable.

Je fais envisager, en second lieu, que les vers à soie ne prenant pas dans leur état de nature dix-huit repas par jour, sur une feuille pourtant toujours succulente, et dont ils sont si avides, si friands, il était judicieux de penser que leurs organes digestifs n'avaient pas assez de puissance pour se prêter à plus de désirs, à plus de voracité qu'ils n'en montrent ou qu'ils n'en ont véritablement. Que voyons-nous en effet, si nous observons attentivement quelques-uns de nos insectes que nous aurons placés momentanément sur un mûrier, où ils sont parfaitement libres de suivre leurs penchants et leurs différents besoins? Eh bien! là, cependant, ils ne mangent pas, ou mangent très-peu, pendant la nuit, à cause de la fraîcheur qui tombe avec la rosée sur eux, et font, pendant le jour, de longues pauses, des pauses de plus de cinq quarts d'heure, à coup sûr, durant lesquelles ils se délassent, respirent et digèrent.

Donc, il ne faut pas qu'ils mangent à tous moments, comme nous prétendons le leur imposer. Or, si nous les couvrons de nouvelles feuilles avant qu'ils aient achevé de digérer celles que nous leur avions servies le repas précédent, il y aura premièrement perte de cet intéressant commestible, puisqu'ils le fouleront aux pieds sans presque y toucher; il est vraisemblable ensuite, qu'en les obligeant de se déranger pour monter précipitamment dessus, quoique sans envie, sans nécessité, nous porterons particulièrement un certain trouble à leur digestion, et nous occasionnerons chez eux de graves maladies, par l'intempestive et brusque interruption de cette fonction importante de la vie; il est même présumable que nous leur inspirerons cette espèce de dégoût fatal qui naît toujours d'une profusion itérative de mets identiques, jetés sans ménagement au devant de quiconque digère encore; de sorte que ce qu'ils mangent alors, comme ce qu'ils ne mangent pas, leur est également contraire et blesse aussi nos intérêts privés, parce qu'il est en général avéré que tout aliment pris avec dégoût, produit toujours un mauvais effet sur l'individu qui le prend; et parce qu'il est ici positif que tout ce qu'il en reste devient, ainsi que je l'ai déjà dit, matière insalubre pour nos vers, et nous cause de grandes dépenses, de fortes fatigues pour l'avoir fourni d'abord sans qu'il en résulte aucun avantage, aucun bon service, pour l'enlever ensuite à reprises rapprochées, attendu que la prompte fermentation et le dégagement méphitique qui s'ensuivraient, l'exigent impérieusement.

Maintenant quelques mots suffisent pour démontrer à certains éducateurs que trois ou quatre repas par jour ne remplissent pas exactement le but qu'ils en attendent. D'un côté, les divers et pressants besoins des vers, fort nécessiteux et très-voraces du reste, ne sont pas assez souvent satisfaits; il est positif, en second lieu, que sur l'énorme quantité de feuilles qu'ils sont obligés de leur prodiguer dans le dessein de les alimenter copieusement, ou dans la crainte de ne pas les alimenter complétement, une grande partie se flétrit, se détériore, sans servir de pâture; ce qui constitue, dans l'un et l'autre cas, dommage irréparable et perte réelle ; car il ne faut pas croire que ce soit précisément ce que l'on donne aux vers qui les nourrisse, c'est ce qu'ils mangent et même ce qu'ils digèrent; mais peu nous importe, je présume, ce qu'ils digèrent ou ne peuvent pas digérer; je ne m'aviserai pas d'ailleurs de toucher cette corde à laquelle se rattachent tant de fils mystérieux ; je sens, au surplus, que je ne saurais en extraire des sons assez clairs, assez harmonieux en même temps, pour attirer des sympathies à mes sensations. L'essentiel est, qu'ils mangent leur appétit avec aussi peu de feuilles que possible; tout est là; c'est du moins, je pense, le meilleur moyen d'obtenir de beaux, de bons produits, attendu que nos litières, débris pernicieux de ces feuilles, et causes certaines de maladies nombreuses et de la mortalité qui en est la suite inévitable, devenant, de cette façon, moins fortes, moins considérables, ainsi que nos dépenses naturellement réduites par l'économie opportune d'un comestible si précieux, il doit nécessairement se trouver, à la fin de nos éducations, plus de vers pour faire des cocons et moins de frais pour en absorber la valeur.

Il résulte de ce que je viens de dire, qu'à mon avis un

trop grand, comme un trop petit nombre de repas journaliers, exercent également une fâcheuse influence sur la santé des vers à soie, et nous occasionnent pareillement des pertes considérables de feuilles. Je trouve donc là deux excès opposés à combattre, et deux abus graves à éviter. Les excès engendrant les abus, et, par conséquent, les abus devant cesser avec les excès, c'est alors contre ces derniers qu'il faut agir pour nous mettre à l'abri des abus. A cet effet, prendrons-nous un terme moyen, comme c'est assez l'habitude ou la mode? Mais non, car il pourrait, ce me semble, arriver que nous étant ainsi fixés, nous puissions, un jour, avoir un mieux à désirer, attendu qu'entre deux extrêmes il peut exister différents intermédiaires plus ou moins nuisibles encore, ou plus ou moins propices, et c'est précisément le plus favorable qu'il s'agit d'adopter, après l'avoir rencontré par hasard ou par l'observation suivie d'un long usage.

En conséquence, j'ai étudié le ver à soie dans tous ses besoins, et, ce qui était plus difficile, dans ses fonctions digestives. Par suite de plusieurs essais attentifs, je me suis aisément aperçu, comme tout le monde l'a tout aussi facilement remarqué que moi, qu'il éprouvait des besoins plus ou moins rapidement, et qu'il digérait plus ou moins vite, selon que la chaleur à laquelle il était soumis était plus ou moins forte; d'où j'ai conclu qu'il devait nécessairement exister des rapports intimes, des rapports proportionnels entre le temps des besoins, des digestions, et les degrés de la température. De cette conclusion relative, j'ai tiré la conjecture naturelle qu'il devenait alors possible de trouver ces rapports essentiels, et de les utiliser ensuite dans les conditions diverses où nous place malheureusement à de si fréquentes reprises, l'atmosphère tant extérieure qu'intérieure.

Prenant en conséquence les minutes pour mesure du temps, et les comparant aux degrés du thermomètre, mesure de la température, j'ai cru remarquer que cent soixante minutes correspondaient à peu près toujours au vingtième degré. Ces deux points une fois établis comme points de départ, et nous donnant pour points subsidiaires huit minutes de temps pour un degré de température, il est clair qu'ils vont, dans tous les cas, nous servir de bases générales pour régler la durée particulière des intervalles que nous devons laisser entre les repas. Seulement, nous avons à faire attention que la chaleur augmentant l'appétit des vers, il nous faudra nécessairement, lorsqu'elle augmentera, diminuer proportionnellement l'espace qui doit séparer leurs repas, et l'augmenter au contraire proportionnellement aussi, quand la chaleur diminuera ; de sorte que, pour suivre l'effet ordinaire que cet agent puissant exerce si activement sur l'organisme vital de notre insecte, nous devons ôter ou mettre à ces intervalles huit minutes de temps par chaque degré d'élévation ou d'abaissement de température. Ainsi, tant que cette température resterait à vingt degrés, un de nos points de départ ou de mire, la distance d'un repas à l'autre serait par conséquent de cent soixante minutes, dès que vingt degrés d'un côté et cent soixante minutes de l'autre sont nos deux points de concordance éprouvée ; mais je suppose qu'elle monte, par exemple, à vingt-cinq ou qu'elle tombe à quinze ; eh bien ! dans le premier cas, nous voyons de suite qu'en retranchant, pour cinq degrés de chaleur que nous avons de plus, cinq fois huit minutes, soit quarante, de cent soixante cet autre point de départ, il ne nous resterait que cent vingt minutes pour intervalle ; tandis qu'en faisant dans le second cas cette opération en sens inverse, mais sur les mêmes proportions, nous savons de suite aussi que cet intervalle devrait être porté à deux cents minutes, puisqu'aux cent soixante qui, je le répète, nous servent de jalons indicateurs d'une part, il faudrait en ajouter quarante pour les cinq degrés de chaleur que nous aurions de moins.

Maintenant, de telles combinaisons ou de tels chiffres,

sont-ils ou ne sont-ils pas les symboles, les vrais signes caractéristiques, représentatifs de ma pensée, ou peut-on leur en appliquer d'autres plus exacts, plus satisfaisants? Quoi qu'il en soit, toujours est-il positif qu'ils ont au moins quelque valeur, soit par le principe que j'expose, soit par les conséquences que j'en ai voulu déduire; car ici comme partout, et principalement ici peut-être, il faut un principe général quelconque, sauf ensuite à y porter les modifications que des événements particuliers viennent parfois nous imposer.

Celui-ci, dans toutes ses imperfections, me paraît représenter un système naturel ; en effet, dans leur état de liberté, les vers à soie sont soumis à de fréquents, à de périodiques changements de température, et se guident eux-mêmes selon les variations qu'ils·en éprouvent. Dans nos ateliers nous cherchons au contraire à les entourer d'une température uniforme ; mais, malgré tous nos efforts, tous nos moyens, toutes nos ressources et tous nos désirs, certains éléments plus forts qu'eux tous ensemble, nous obligeant de rompre assez fréquemment cette uniformité sur laquelle je me suis expliqué déjà d'une manière peu favorable, nous devons par conséquent les guider selon les variations que nous leur faisons subir, puisqu'ils ne sont pas libres de se régir à leur guise.

Il est aussi positivement reconnu, comme je l'ai dit, comme tout le monde le sait, que plus ou moins de chaleur rapproche plus ou moins les instants de leurs besoins, et que, par la même raison, plus ou moins de fraîcheur produit le résultat opposé. Cela bien établi, bien compris, les traiterons-nous de même dans tous les cas, et sans rien considérer, sans tenir compte de rien, et, qu'il fasse chaud ou qu'il fasse frais dans nos magnaneries, leur donnerons-nous ni plus ni moins copieusement à manger, et ne changerons-nous rien aux distances de leur repas; mais ce serait alors une anomalie qui n'aurait pas de nom. Eh quoi ! nous savons que la chaleur avance le moment de leurs besoins, et lorsqu'elle nous arrive plus élevée, nous ne saurions avancer aussi celui de les satisfaire ; mais ils vont cruellement , énormément souffrir de cette incurie, ou de cette négligence que nous allons à notre tour payer bientôt fort cher ! Eh quoi ! nous savons encore que la fraîcheur retarde les heures de ces besoins, et quand elle survient, nous les servirions également comme si ce retard n'avait réellement pas lieu; mais, ce serait là, je le répète, les tourmenter, les déranger mal à propos; ce serait aussi les rassasier d'avance, que de leur jeter, avec même fréquence, même quantité de pâture, alors qu'une forte diminution de température aurait nécessairement produit chez eux une diminution proportionnelle d'appétit; ce serait de plus sacrifier sans utilité, sans intérêt, et pour produire un mal, des feuilles précieuses qui nous feront peut-être grosse faute un peu plus tard, et qui d'ailleurs ne sont pas venues là sans de grands frais.

Il est donc évident qu'il nous faut absolument, dans l'espèce, un principe fondamental dont on ne puisse pas trop s'écarter, et d'où partent des bases proportionnées sur les besoins matériels ou apparents que manifestent les vers à soie; sinon, dans les changements de température, il nous serait impossible de régler convenablement le nombre et les heures de leurs repas; sinon, nous agirions entièrement au hasard et dans le vague ; en effet, sur quoi, sans cela, pourrions-nous asseoir les éléments de nos éducations domestiques et nos moyens d'exécution? Qui pourrait, si nous étions dépourvus de gouvernail, nous conduire dans cette opération chanceuse qui n'est encore pour nous, malgré d'étonnants progrès, qu'un véritable dédale rempli d'écueils, de périls, de dangers? c'est-à-dire, qui pourrait nous indiquer les moments précis qu'il est favorable ou qu'il est nuisible de leur donner à manger? L'habitude? D'accord, si l'habitude était réellement une seconde nature, comme on le prétend communément: mais ne nous flattons pas, n'espérons pas trop , n'augurons pas si bien de nos habitudes ; car si nous en avons de bonnes , nous en avons aussi de mauvaises, et par conséquent toute confiance en elles pourrait être quelquefois complétement abusive. Au surplus , nous devons assez nous connaître , pour savoir qu'il n'existe en nous-mêmes rien qui puisse servir de régulateur fidèle ou sincère dans les occasions exceptionnelles.

Eh bien ! le principe que je viens d'émettre et que je considère comme indispensable dans ces circonstances d'exception, nous instruit de ce que nous devons faire , à chaque accident , à chaque variation de température ; il ne présente aucune difficulté , n'exige aucun instrument , aucun appareil , aucune peine , aucune dépense , et l'on peut aisément le pratiquer de la manière suivante, la montre et le thermomètre sous les yeux , pour régler, par la voie des proportions ci-dessus établies, l'heure présumée des besoins sur le degré réel de la température ; c'est du moins ainsi que je recommande de le pratiquer approximativement , sauf cependant dans quelques cas que certaines circonstances peuvent commander ou faire naître , mais auxquels le tact et l'intelligence de l'éducateur sauront se conformer pour neutraliser les incidents imprévus du principe.

Toutefois, pour bien se rendre compte de mon intention , de mon idée, de mes desseins , dans le nombre et la répartition de mes repas , dont les séparations inégales ont été basées sur des degrés déterminés de température , il est bon de savoir avant tout que, trouvant de l'avantage à ce que cette température soit plus basse durant la nuit que durant le jour , afin de dédommager le ver par un peu de fraîcheur , de tout ce que lui a fait souffrir dans la journée une chaleur artificielle et fatigante, je proposais de la réduire insensiblement, dès cinq heures du soir, jusqu'à ce qu'elle tombât à quinze degrés , et puis de la relever progressivement aussi , dès sept heures du matin, jusqu'à ce qu'elle eût atteint de nouveau vingt ou vingt-deux degrés.

Cela posé, le *premier* repas pourrait ou devrait alors commencer à trois heures et demie du matin, le *second* à sept heures, le *troisième* à neuf heures et demie, le *quatrième* à midi, le *cinquième* à deux heures et demie du soir, le *sixième* à cinq heures, le *septième* à huit heures et demie, et le *huitième* ou dernier à minuit.

Actuellement, on conçoit aisément que ces repas, dont le nombre a été fixé, et l'heure réglée sur des degrés déterminés de température, et sur des conditions prévues ou calculées, ne pourront pas être continuellement distribués avec toute l'exactitude et toute la régularité que j'indique ici; car, si bien que puisse être dirigée, et si ponctuellement que puisse être exécutée une éducation de vers à soie, il surviendra toujours dans son ensemble des événements inopinés, qui exigeront de faire certains changements à l'ordre qu'on se sera tracé, imposé d'avance, quel qu'il soit. Mais il sera facile à l'éducateur éclairé de se mettre à la portée de toute circonstance éventuelle, chaque fois qu'il se verra forcé, par un incident quelconque, de modifier ses usages ordinaires.

Relativement à la quantité de feuilles qu'il convient de donner à tel ou tel repas, c'est l'appétit du ver qui doit gouverner la main du magnanier, et non la balance qui ne lui indique pas au reste, après les pesées, ce qu'il faut qu'il donne particulièrement à chaque table; l'essentiel est même, je crois, au contraire, qu'il ne connaisse pas du tout la quantité qu'il jette sur ses rayons; il n'en est que plus attentif à ce qu'il fait, et n'en observe que mieux le résultat de chaque distribution.

S'aperçoit-il, en effet, que les vers de telles et telles tables ont ou n'ont pas bien achevé ce qu'il vient de leur donner, eh bien! le repas d'après, il augmente ou diminue à vue d'œil leur ration, et rétablit aussitôt l'équilibre; de sorte qu'en agissant toujours de même dans toutes les parties de son atelier, il se trouve ainsi bientôt identifié avec les véritables besoins de ses chers élèves, et ne se trompe guère plus ensuite, pourvu qu'il veuille toutefois prendre la peine d'examiner avec soin ce qui se passe à cet égard dans sa magnanerie, et qu'il soit en outre doué d'une certaine pénétration ; car, s'il agit sans attention, sans goût et machinalement, il opérera nécessairement fort mal, qu'il se base sur la balance ou sur lui-même.

Je puis bien, à cette occasion, glisser en passant, un mot, un trait, sur une magnanière venant du midi de la France, et à laquelle j'avais en toute assurance confié ma petite éducation d'alors, puisqu'elle m'avait été envoyée comme une des habiles de cette contrée sérigène. Néanmoins, elle connaissait si peu les vrais besoins de ses élèves, et les encombrait tellement de feuilles, malgré de sévères remontrances de ma part, que je pris à la fin le parti d'en soigner moi-même la moitié, pour lui faire sentir par voie de comparaison et par l'exemple, toute l'inconvenance de ses usages, et le tort qu'elle m'occasionnait ; mais, vains efforts, vaine démarche, vaine tentative, je ne pus déraciner en elle les préjugés de la routine, la force de l'habitude, et, par conséquent, elle n'en continua pas moins d'aller son même train ; si bien, qu'à chaque délitement, ses litières étaient, sans mentir, deux fois aussi épaisses et beaucoup plus humides que les miennes, quoique commencées et enlevées les unes et les autres en même temps ; cependant les cocons que j'obtins, en définitive, de mon côté, furent plus beaux, plus nombreux, plus durs que les siens, ce qui prouve de nouveau, je me plais à le répéter, que ce n'est pas ce que l'on donne aux vers qui les nourrit, mais bien ce qu'ils mangent.

Dire maintenant ce que cette femme m'avait usé de feuilles par trente-un grammes de graine, est inappréciable ; toutefois, je crois pouvoir l'évaluer de treize à quatorze cents kilos. C'est immense, et malheureusement elle n'est pas la seule qui opère de cette façon, car à l'entendre parler à cette époque encore récente, elle ne faisait chez moi que ce qu'elle avait vu faire bien d'autres fois, et en bien d'autres endroits. J'en suis parfaitement convaincu, et je pense même que c'est à de pareilles magnanières qu'il faut attribuer les diverses exagérations que chacun apporte dans sa consommation réelle ou fictive de feuilles, attendu qu'il m'a toujours semblé, et que j'ai toujours jugé par estimation ou autrement, que six cents kilos de ce précieux aliment distribué d'une manière opportune, à propos et à mesure de sa cueillette, suffisaient pour sustenter, élever convenablement les vers provenant de trente-un grammes de graine.

Relativement à la subdivision de la feuille, à cette opération entourée de périls et d'abus, j'ai déjà d'un trait de plume, fait pressentir mon opinion contre elle, et je vais en effet combattre un à un les différents prétextes, selon moi, peu plausibles, qui ont motivé son emploi, car il me semble que nous ne pouvons rien faire de plus mal.

Le ver à soie, nous dit-on, attaquant de préférence la feuille par les bords, il est tout naturel alors, il est très-rationnel de les multiplier à l'infini pour faciliter son alimentation pendant ses deux premiers âges surtout, qu'elle est en effet pour lui si difficile. L'idée en est certes fort ingénieuse ; elle serait également des plus heureuses, et ce serait même tout à fait bien, si ce n'était aussi multiplier les causes de desséchement et de perte, si ce n'était en même temps ouvrir en quelque sorte toutes les sources, toutes les bouches d'une volatisation secrète ; et puis, est-ce qu'il ne reste pas toujours un peu de jus de la feuille après l'instrument tranchant qui la découpe, si parfait qu'il soit, et si vite et si habilement que l'on fasse cette opération ? Est-ce même que ce suc mis à nu, mis à découvert dans un milieu très-chaud, ne se desséchera, ne se coagulera pas très-promptement, et ne rendra pas calleux et durs ces mêmes bords que l'on cherche cependant à créer plus nombreux pour les livrer plus tendres à la délicatesse des appareils masticatoires de nos faibles insectes ?

Coupée menue, nous dit-on encore, la feuille est plus aisément, plus également répandue sur les rayons au moyen de tamis à doubles grilles situées à certaine distance l'une de l'autre. Il en résulte aussi, ajoute-t-on, une litière plus unie, et par conséquent exempte de petites cavités méphytiques où l'on prétend que les vers contractent ordinairement une infinité de maladies dont ils ne reviennent presque jamais, et qui sont souvent et très-mal à propos attribuées à d'autres causes.

D'abord pouvons-nous bien tirer un grand avantage d'une distribution facile et commode de feuilles, lorsqu'à leur premier et deuxième âge les jeunes larves en consomment si peu, et qu'il nous faut alors si peu de temps et si peu de peine pour leur servir convenablement de légers repas composés de bourgeons tendres, quoique suffisamment développés? Pouvons-nous ensuite trouver des inconvénients à ces petites cavités méphytiques? Pouvons-nous bien dire que les vers y perdent, y laissent leur santé, lorsque nous savons que s'y déplaisant au delà de toute expression, ils les fuient au contraire, ils en sortent en toute hâte, et que nous voyons très-bien tous les jours, pendant la durée de nos éducations, que pas un d'eux n'y demeurent, à moins qu'ils ne soient atteints déjà de maladies mortelles provenant d'une incubation vicieuse ou d'une mauvaise graine? Mais, dans ce cas, ces petites excavations ne constituent pas réellement un mal qui puisse nous affliger beaucoup, et qui doive nous inspirer, nous faire adopter des mesures propres à les éviter, d'autant mieux qu'elles opèrent même peut-être un bien, en ce qu'elles peuvent recevoir et contenir une partie du méphytisme qui se dégage continuellement des litières et des vers, et qui tend toujours à gagner, par son propre poids, les endroits les plus bas, lui servant alors pour ainsi dire de refuge et de réservoir; d'autant mieux encore que s'il existe sur les litières de petites cavités méphytiques, impures et pestiférées où le ver pourrait puiser des germes morbifiques s'il y restait, il existe par conséquent aussi de petits monticules salubres qu'il recherche avec empressement, où il rencontre la santé, où il respire à son aise , où il se trouve tout à fait bien dès qu'il y séjourne, dès qu'il ne se décide à les abandonner que pour grimper sur de nouvelles feuilles qui lui présentent de nouveau les mêmes avantages.

D'ailleurs, il est évident que de petits fragments de feuilles découpées ne seront jamais si bien et si facilement broutés que des feuilles entières , parce que n'offrant pas comme elles de points d'appuis solides, ils échappent souvent aux vers qui s'en étaient emparés, et qui ne peuvent quelquefois plus les reprendre : alors, foulés aux pieds, ils se mêlent à d'autres enfouis sous eux, leur communiquent instantanément la mauvaise odeur, le mauvais goût qu'ils avaient déjà contractés, et tous bientôt de plus en plus infectés les uns par les autres et par les vers, ils deviennent véritable fumier avant d'avoir pu même servir de substances alimentaires : de là de grandes pertes de feuilles ; de là litières humides, épaisses, compactes et serrées ; de là dégagement considérable de gaz malfaisants; de là , par conséquent, motifs incessants de maladies désastreuses dont les progrès rapides et les effets calamiteux ne sauraient être interrompus ou paralysés que par la cessation de l'abus qui les produit et les entretient; tandis qu'en donnant avec précaution et symétrie des bourgeons entiers ou des feuilles entières, il se trouve toujours, à la fin des repas, des fibres allongées que le ver n'a pu ronger, à cause de leur contexture un peu coriace pour son âge encore tendre. De cette disposition naturellement obtenue par de semblables distributions de pareilles feuilles, il résulte nécessairement sous ces espèces de filets ou ligaments, de petits arceaux, de petits interstices, et, sur leurs côtés, de légères et nombreuses excavations qui, recouvertes l'instant d'après, mais non remplies par de nouvelles feuilles, forment également d'autres vides par où circulent librement aussi l'air et la chaleur de l'atelier, et qui favorisent ou provoquent éminemment tous ensemble la dessiccation importante des litières bien plus sèches en effet, bien plus saines et bien plus aérées et boursouflées que celles provenant des débris de la feuille coupée menue qui garnit davantage, et se moisit par conséquent plus vite.

Il y a donc avantage immense de donner des feuilles entières aux vers, si les argumentations que j'allègue ici ne se trouvent pas absolument dénuées de fondement et de vérité; il y aura même lieu d'y ajouter pleine créance, si des raisonnements contraires plus forts qu'elles, et des preuves matérielles plus convaincantes encore, ne viennent pas les renverser de fond en comble. Au surplus, notre excellent modèle, le seul auquel nous puissions avoir confiance entière, parce qu'il est le seul en effet qui ne commette jamais d'erreur et qui procède régulièrement bien, ne fait pas, n'agit pas autrement.

Enfin, pour dernière conviction, je ne veux que ramener l'attention du lecteur sur nos propres usages en certaines occasions; je ne veux que rappeler ce que nous pratiquons quelquefois nous-mêmes par nécessité, et demander, en dernière analyse, si, pour lever nos jeunes larves venant d'éclore, ou déliter ensuite à la main comme au filet, nous n'employons pas toujours des bourgeons entiers : eh bien! pense-t-on pour cela que ces repas ne soient pas aussi bons pour elles? Oh ! je les garantis bien meilleurs, en les comparant à ceux qu'on leur donne après avec de la feuille coupée menue. Pense-t-on que les jeunes larves en souffrent et qu'elles en vaillent de moins? Oh! j'augure le contraire, en les voyant si vives, si alertes, si belles. Pense-t-on que ces bourgeons entiers leur soient moins favorables que la feuille coupée? Oh! j'assure positivement le contraire, en les voyant bien mieux rongés qu'elle. Et penserait-on maintenant que la continuation de semblables repas pourrait influer d'une manière néfaste sur nos éducations, ou pourrait les rendre moins certaines et moins lucratives, en portant réellement

atteinte à la santé de nos précieux insectes? Oh ! j'affirme encore le contraire, quand je vois tous les vers pleins de vigueur
s'emparer précipitamment et avec ardeur de toutes les émi-
nences qui existent sur les litières, de toutes les sommités
où les appelle instinctivement le besoin de respirer, où les
attire sans doute impérativement un air plus sain, un air
plus pur, un air plus respirable, plus vital enfin ; car tout
l'air possible leur est tout aussi indispensable, peut-être
même plus indispensable en quelque sorte que la feuille, et
s'il faut absolument de l'une en énorme, en effrayante
quantité répartie en de fréquents repas, il faut absolument
aussi de l'autre répandu en masse, à profusion partout et
toujours, et particulièrement entre les rayons où les besoins se font le plus impérieusement sentir, où des miasmes
impurs le corrompent totalement, et sont cause que beaucoup de vers y contractent des maladies presque toujours
mortelles, et que beaucoup d'autres y périssent sans la
moindre trace, sans la moindre apparence de mal, tels que
les morts blancs, morts en effet tout parés de cette belle
couleur blanche et séduisante, qui est chez eux le vrai caractère, le vrai type de la santé, morts en tâchant de gagner précipitamment, par la fuite, d'autres lieux moins
suffocants, pour chercher à se garantir de l'étouffement qui
les a malheureusement déjà saisis, et qui les tue, pour ainsi
dire, à l'improviste au milieu de leurs courses préservatrices ou chemin faisant.

Eh bien ! c'est là précisément où nous n'avons jamais eu
l'attention de porter de l'air pur ; la nécessité en est cependant très-urgente, de l'aveu de tous les éducateurs, et c'est
là, ce me semble, une grande lacune qu'il serait fort important de remplir, tant elle occasionne, à mon avis, de
pertes et de désastres ; j'en ai conçu l'idée, j'en ai même
conçu l'espoir, et, dans l'intime conviction de parvenir à ce
but désirable, je me complais à proposer à cet égard un
moyen d'une exécution facile, et dont l'emploi, fait ou

essayé déjà sur une petite échelle, ne peut, je crois, manquer de produire en grand de merveilleux, de prodigieux effets.

Ainsi donc, facile dans son exécution, et positif, avantageux dans ses résultats, il me paraît alors susceptible de devenir moyen-pratique dans les éducations séricicoles, ce dont j'accepte l'heureux augure dans l'intérêt de tous.

En conséquence, je le maintiens, d'une part, avantageux dans ses résultats; car il peut directement et sans cesse procurer beaucoup d'air aux vers, et les exempter nécessairement alors de beaucoup de maladies; et, d'autre part, facile dans son exécution; car il consiste tout simplement à placer longitudinalement dans l'appartement inférieur aux magnaneries et sous l'aplomb du milieu de chaque rangée de rayons, un gros tuyau allant puiser de l'air dans un endroit très-frais, très-sain, très-aéré, au moyen d'une longue et large gorge ou entonnoir. Diminuant insensiblement de volume à mesure qu'il s'éloigne de son point d'absorption ou de départ, et proportionnellement aux pertes d'air qu'on lui fait supporter durant son cours, ce véritable canal aérien, composé de planches parfaitement ajustées entre elles, doit contenir dans son fond aussi bien nivelé que possible, certaine quantité d'eau qu'il importe beaucoup de renouveler souvent pour la maintenir constamment froide, et pour que l'air absorbé puisse, en passant dessus, acquérir des qualités plus rafraîchissantes, plus humides, en même temps plus vitales. Parvenu à la fin de la magnanerie, il décrit une courbe obtuse, prend de suite la ligne perpendiculaire, et va se terminer en pointe au-dessus du toit, ou dans une pièce au-dessus de l'atelier; là, placé dans un réchaud ou sur une grille, un ardent brasier y attire continuellement, comme auxiliaire, l'air du bas. Ailleurs, d'autres tuyaux dont la dimension de forme également conique est à peu près proportionnée sur l'étendue qu'ils ont à parcourir et à ventiler, si je puis m'exprimer ainsi, sont adaptés de distance en distance dans la paroi supérieure et longitudinale du conduit principal, d'où sans cesse ils soutirent par leur gros bout, de l'air planant sur l'eau, c'est-à-dire de l'air frais, humide, salutaire, onctueux et favorable. De là ils se prolongent verticalement, et traversent de bas en haut toutes les claies de la même rangée pour porter la salubrité sur elles toutes. Enfin, hermétiquement fermés à leur petite extrémité, ils sont percés de tous côtés à cinq ou six centimètres environ au-dessus de la surface de chaque étage ou rayon, de plusieurs orifices destinés à répandre constamment çà et là, et partout, et tant, et si bien, de cet excellent air à profusion, que nos vers se trouvent alors dans un milieu presque approprié à leur économie animale, et se rapprochant du moins un peu de celui qu'ils rencontrent dans leur état de nature.

Et cela est si vrai, si positif, que pour bien ressentir les bons effets de ce précieux aérage, que pour bien se convaincre de tout l'avantage qu'il possède réellement sur tous autres moyens usités jusqu'à ce jour, et pour en bien apprécier soi-même la différence remarquable, il suffit d'introduire alternativement la tête entre des rayons où il ne serait pas établi, et entre d'autres où il serait mis en usage. Eh bien! là, quoi qu'il en soit, quoi qu'on en dise et qu'on fasse, et malgré la ventilation forcée avec toutes ses vertus, respiration pénible et gênée, odeur infecte et rebutante, chaleur étouffante, et par conséquent atmosphère vicieuse et inconvenante; ici, au contraire, air pur, libre, salubre, agréable, et par conséquent atmosphère propice aux vers à soie qui l'aiment et la veulent telle.

Et cela d'ailleurs ne pourrait être autrement, parce que l'air du dehors, naturellement introduit en grande quantité dans le gros tuyau par la large ouverture du bas, ne pouvant évidemment tout sortir par l'ouverture étroite du haut, où l'attirent sans cesse et de concert la position élevée de cette véritable bouche aspirante et le brasier ci-dessus mentionné, est obligé de se refouler, pour ainsi dire, dans les petits tuyaux perpendiculaires, et de faire issue presque complète sur nos intéressants insectes, à travers les trous perforés exprès à cet effet au-dessus de chaque rayon.

Eh bien ! de cette atmosphère salubre, partant sans cesse du milieu de ces rayons et se dispersant régulièrement sur toute leur étendue, il résulterait d'abord que les vers trouvant partout de l'air, et n'ayant pas alors besoin d'en chercher autre part, resteraient à leur place, ne se répandraient pas en masse sur les bords, et seraient par conséquent bien moins exposés à faire des chutes qui leur sont presque toujours funestes ; de sorte qu'il y aurait, pour ainsi dire, autant de cocons de gagnés pour nous, qu'il y aurait de chutes d'évitées pour eux ; ce qui ne serait pas un médiocre bénéfice, vu la quantité prodigieuse de tels désastres qui ont lieu surtout à la fin des éducations, sans pouvoir y porter un obstacle décidément efficace.

Il en résulterait ensuite que trouvant partout de l'air, et que recevant d'ailleurs tous les autres petits soins particuliers que recommandent généralement si bien tous les auteurs qui se sont occupés de la matière, ils ne périraient pas subitement en grand nombre de suffocation et d'asphyxie, ou, plus ou moins lentement, des suites de maladies contractées au milieu d'une atmosphère insalubre , d'où la conclusion naturelle que ce serait encore là de toutes manières tout autant de cocons de plus pour nous , autre bénéfice immense, vu l'énormité de telles pertes.

Il en résulterait aussi que trouvant partout de l'air, d'où naissent et jaillissent les premières sources , toutes les sources de leur santé , ils s'en porteraient bien mieux, et feraient en conséquence de meilleurs cocons, autre bénéfice incalculable, puisque trois ou quatre cents suffisent ordinairement, lorsqu'ils sont bons, pour peser un kilo, tandis qu'il en faut quelquefois huit à neuf cents de mauvais pour former le même poids, différence de plus de moitié.

Ainsi donc, par le seul effet direct de cet air pur qui est l'élément des vers, la base fondamentale des éducations naturelles et la cause principale de leurs succès, nos éducations domestiques se rapprochant un peu de celles de la nature, deviendraient moins chanceuses, plus positives, et se trouveraient pour lors à peu près terminées comme les siennes par de copieux et d'excellents produits, but unique de toutes nos démarches. Il en résulterait même, je crois, une meilleure santé pour les personnes chargées de les diriger et de les soigner, attendu que moins il surgirait de maladies dans un atelier, moins il y surviendrait de mortalité, et moins il s'y dégagerait en conséquence de miasmes impurs éminemment nuisibles à tous les êtres organisés qui les aspirent, malgré tout ce que l'on cherche à faire pour les en garantir, malgré toutes les précautions puissantes, tous les moyens énergiques dont on se sert ordinairement en pareils cas pour paralyser, amoindrir leur action pernicieuse, dès qu'on ne peut parvenir à l'annuler entièrement par la seule raison peut-être qu'elle n'est pas combattue avec des agents convenablement employés ou bien utilisés.

Ainsi, par exemple, le chlorure de chaux qui est à peu près ce que nous avons de mieux pour désinfecter une magnanerie lorsque l'infection s'en est malheureusement emparée, m'a paru beaucoup plus efficace en poudre que dissous dans l'eau. La différence en est même si sensible, si palpable et si matérielle, que l'effet qui en ressort nous frappe d'abord énergiquement, et reste très-pénétrant ensuite, ainsi qu'il est facile de s'en convaincre par le plus simple essai; car c'est encore là un de ces faits que la moindre expérience peut aisément prouver, et que les résultats doivent faire adopter ensuite à tout jamais sans la plus petite hésitation.

En effet, supposons pour le moment deux magnaneries parfaitement identiques entre elles sous tous les rapports, c'est-à-dire admettons qu'elles aient absolument les mêmes

dimensions, qu'elles se trouvent dans les mêmes conditions, qu'elles soient soumises aux mêmes influences, et
que le même degré d'infection les ait gagnées : eh bien ! dis-
tribuons seulement dans l'une neuf ou dix petits paquets ou-
verts de chlorure de chaux, et plaçons après dans l'autre cent
vases, si l'on veut, contenant de ce même chlorure dissous
dans l'eau. Ces dispositions bien prises, cet arrangement
opéré et maintenu, entrons dans la première ; il y aura sur
nous, sur nos sens un effet extraordinaire, prodigieux et
constant sans la moindre manœuvre de notre part ; que ne
serait-ce pas sur les vers bien plus sensibles, bien plus im-
pressionnables que nous, en fait surtout de perceptibilité de
cette nature ? Et puis, pénétrons aussitôt dans la seconde ;
là, nullité complète d'effets, absence totale d'odeur de
chlorure, si nous n'avons la précaution d'agiter les mé-
langes dans les vaisseaux qui les contiennent ; de sorte
qu'en disposant simplement çà et là sur les rayons quelques petites boîtes remplies de chlorure et percées de plusieurs petits trous à leur couvercle, nous serions sûrs d'obtenir ainsi dans nos magnaneries de très-bons résultats,
sans fatigue et sans perte de temps, tandis que pour éprouver un effet quelconque du chlorure dissous dans l'eau, il
faut le remuer souvent dans les vases et le promener à tous
moments autour des claies ; ce qui constitue nécessairement
une opération fastidieuse, et sans contredit fort coûteuse
par-dessus tout.

Voilà donc une différence notable dans les résultats de
ce précieux agent, par la seule manière de l'employer ; car,
d'un côté, effet permanent, direct, énergique et positif,
sans peine, sans frais, et de l'autre, effet totalement nul,
s'il n'y a travail et dépense, ou ce qui est la même chose,
effet conditionnel acheté avec des conditions onéreuses.
Certes, il n'y a pas à balancer, à hésiter à cet égard, et le
choix d'ailleurs ne saurait rester longtemps douteux pour
personne, puisque tout essai comparatif peut en un instant

résoudre pleinement la question en faveur du chlorure en poudre.

Il est vrai pourtant que, dissous dans l'eau, le chlorure de chaux a bien son bon côté sous certains rapports et dans certains ateliers dirigés par certains magnaniers, ennemis jurés de l'humidité et de tout ce qui peut la procurer. Oh! par exemple, il faut bien à ceux-là se garder de le prohiber, de l'interdire; il faut bien plutôt au contraire, le leur recommander spécialement et très-fort; car en l'agitant dissous dans des vases pleins d'eau froide, en le promenant à de fréquents intervalles, dans leurs chambrées sèches et pestiférées, ils y promènent du moins, en même temps, une humide, une favorable, une bienfaisante fraîcheur et un bon désinfectant, sans se douter le moins du monde peut-être, qu'il résulte de cette simple opération deux grands avantages, dont le moindre n'est certes pas l'humidité qu'elle provoque heureusement pour eux à leur insu.

Qui sait même si, dans les premiers temps de cette inconcevable opiniâtreté contre elle et ses résultats, le chlorure dissous dans l'eau, objet de tant de craintes et de répulsion, n'a pas été, de la part de praticiens, d'auteurs habiles et rusés, le prétexte adroit et clandestin de la précieuse humidité qu'il eût été, quoique telle, réellement impossible de faire adopter, accueillir autrement ou sous une forme isolée et pour elle seule ou sans corollaire, alors que presque tous les éducateurs la considéraient généralement comme un vrai fléau, comme une peste véritable, dont ils ne sauraient jamais assez se garantir. Oh! dans ce cas, ô vous tous que les effets salutaires de l'eau fraîche épouvantent, et que vous bannissez, par conséquent, de vos magnaneries, sans avoir cherché peut-être à comprendre, à connaître leur véritable importance, doublez, triplez le nombre de vos dissolutions de chlorure, et promenez, agitez-les quatre fois davantage, vous aurez bien plus de produits, parce que vous aurez bien plus souvent assaini, humecté vos élèves qui redoutent par-dessus tout l'infection et la sécheresse.

Pour nous qui goûtons les moyens que nous avons décrits en faveur de l'humidité proportionnelle, qui les employons dans les occasions nécessaires, et qui par conséquent n'en avons nullement besoin d'autres, nous adoptons de préférence le chlorure en poudre, attendu qu'il nous paraît bien mieux remplir le but de sa destination en cet état que dissous ; au reste, l'un n'empêche pas l'autre, et abondance de bien n'est point à dédaigner, n'est jamais de trop.

Mieux vaudrait, cependant, s'il était possible, agir de manière à ne pas avoir besoin de désinfectant ; ce serait une preuve que nous opérerions à peu près comme la nature qui n'en use pas, et qui réussit pourtant à merveille ; c'est que ses élèves, convenablement éclos d'une graine excellente et bien conservée, trouvent dès leur naissance, propreté continuelle, air toujours pur, alimentation constamment fraîche et pleine d'eau, de jus et de gomme ; c'est que, recevant en outre tour à tour les bienfaits de la chaleur et de l'humidité, ils en éprouvent régulièrement des sueurs passives, suivies de lotions rafraîchissantes, premières bases de leur santé.

Aussi, pas de luisettes parmi eux, pas de vers gras, pas de passis, pas de jaunes, pas de morts blancs, ou du moins très-peu des uns et des autres, et surtout pas de muscardins non plus, lesquels abondent plus particulièrement dans certains ateliers que dans d'autres. A quoi cela tient-il, quels en sont les vrais motifs et quels en seraient positivement les moyens curatifs ou préservatifs ? Nous n'aborderons certes pas de front cette question trop délicate pour nous ; de plus habiles y ont échoué, et nous confessons de bonne foi toute notre incapacité devant une maladie terrible que nous n'avons pu définir, que rien n'arrête ou paralyse, et qui porte le ravage et une dévastation générale dans toutes les magnaneries qu'elle attaque presque toujours à l'improviste et spontanément, preuve qu'elle est le résultat d'une grande faute ou d'une affection secrète que personne encore n'a pu spécifier d'une manière bien satisfaisante.

Est-elle, en effet, comme le pensent plusieurs éducateurs, la suite, le complément ou la réunion de quelques-unes des maladies nombreuses et cruelles, auxquelles le génie de l'homme a su donner, d'après leur caractère ou leur apparence symptomatique, une étymologie réellement technique, ou du moins vraisemblable? Mais non, car en fait de maladies de vers à soie, il n'en existe pas de connues dont nous n'ayons eu plusieurs fois à déplorer malheureusement les tristes conséquences, et pourtant nous n'avons jamais aperçu dans nos ateliers la moindre trace de muscardine.

Est-elle due à la combinaison d'une grande chaleur et d'une grande humidité, comme le prétendent beaucoup d'auteurs? Mais non, puisque personne n'a combiné plus de chaleur à plus d'humidité que nous, qui pensons, qui avons dit que l'on pouvait impunément porter à des degrés très-élevés ces deux agents, pourvu qu'ils fussent proportionnellement combinés ensemble; et nous n'avons effectivement jamais eu la muscardine.

Est-elle, au contraire, engendrée par l'isolement d'une très-forte chaleur ou d'une très-grande humidité? Mais non, car nous avons alternativement soumis plusieurs fois nos vers à des degrés exorbitants de l'une et de l'autre, et cependant nous n'avons jamais eu la muscardine.

Est-elle provoquée par la stagnation de l'air? Mais non, car nous avons souvent assujetti nos vers à un défaut absolu d'air, et nous n'avons néanmoins jamais eu la muscardine.

Dérive-t-elle d'une mauvaise qualité de graine? Mais non, puisqu'à titre d'essai, nous avons souvent opéré avec certaine quantité de graine mal faite, mal conservée à dessein, et que nous n'avons jamais eu la muscardine.

Est-elle enfin le résultat direct ou le produit réel, comme

tous les savants sériciculteurs le croient, d'une plante cryp-
togame qui vient s'implanter sur le ver, y végète et le fait
périr après avoir absorbé tous ses tissus graisseux? Mais non
encore ; car ayant bien lavé dans de petits baquets pleins
d'eau, des vers muscardinés et couverts de sporules ou fructification de cette plante, nous y avons ensuite baigné quelques-uns de nos insectes, nous y avons aussi trempé de la
feuille que nous leur avons donnée de suite, et malgré tout,
malgré de si puissants moyens de communication, nous
n'avons jamais pu engendrer la muscardine ; comment pour-
rait-elle alors se produire d'elle-même dans nos ateliers par
la simple dispersion et l'inoculation de ces sporules, sans
d'autres occasions, sans d'autres motifs puissants?

D'ailleurs, tout bien considéré, le botrytis ne peut pas en
être ici la cause, il en est tout au plus la conséquence ; et
c'est au contraire lui qui dérive spécialement d'une affection particulière, attendu qu'il n'attaque généralement,
qu'il ne gagne et n'envahit que les plantes et les animaux
atteints déjà de maladies graves. C'est un vrai parasite
qu'on ne voit en effet jamais croître et prospérer sur des
sujets sains et vigoureux : donc la maladie réelle existe
avant l'apparition, avant le développement du botrytis. Or,
il n'en est pas la cause ; en conséquence, ce n'est pas lui
qu'il faut combattre, car ce n'est pas lui qui fait le mal,
qui commet de si grands ravages, mais bien la maladie déjà
formée, n'importe laquelle, et qui échappe encore par le mystère de sa véritable origine, aux ressources immenses de la
science, comme elle s'est jusqu'à présent dérobée au tact
pénétrant de l'intelligence humaine sous le masque extérieur de ses déplorables suites prises ici pour symptômes ou
motifs.

Et de là accusation formelle et terrible lancée contre
l'humidité en général, parce que l'on a remarqué sans
doute que dans les temps humides, certaines parties de la
terre se couvraient spontanément de champignons. Mais on

ne doit raisonnablement tirer de ce fait aucune déduction concluante sur la manifestation accidentelle et subite de la muscardine, attendu que toute espèce de végétation est dans les attributions ordinaires de la terre, et que celle dont il est ici question, ne peut, dans aucun cas, avoir lieu chez les animaux, chez les vers à soie en particulier par l'effet de l'humidité poussée même à l'excès ou combinée avec tout autre agent. L'animal, en effet, ne produit jamais de plantes sans accidents préalables, et la terre au contraire leur donne naissance et les fait croître naturellement. Pleine de sucs et de sels végétaux qui ne lui ont pas été concédés exprès pour elle, que lui importe ce qu'on lui prend ou ce qu'on exige d'elle; inerte et féconde, elle ne souffre de rien et se prête à tout; alors une pareille végétation spontanée, devenue, il est vrai, par le fait d'une grande humidité, beaucoup plus active, beaucoup plus abondante et plus prononcée sur elle qui a été spécialement créée matière végétative, se conçoit aisément, mais elle ne veut pas dire pour cela que de la même cause il doive résulter la même conséquence, elle ne veut pas dire que, dans une magnanerie qui serait extrêmement humide, il doive surgir tout à coup des champignons sur des vers à soie, créés spécialement matière animale, s'il n'était venu s'y joindre d'autres conditions indispensables au développement subit de ces parasites; celle, par exemple, de la décomposition organique des vers, pour que, de matière animale qu'ils étaient, ils puissent devenir matière végétative, qui les conduit à la déchéance entière de leur individu; celle également d'une affection pétrifiante, si je puis m'exprimer ainsi, et celle de l'inertie plus ou moins complète, pour qu'ils puissent sans obstacles se prêter à l'absorption sensible de leurs principes de vitalité; et avant toutes, celle des sporules, qui ne peut être ici générale, puisqu'elle ne l'est même pas sur la terre où elle peut bien mieux cependant se généraliser sous tous les rapports; preuve qu'il lui faut aussi d'autres conditions que celle de l'humidité qui existe momentanément en elle, et celle des sporules qui peuvent librement et sans opposition de sa part, s'inoculer partout sur elle.

Ainsi donc, pour qu'un ver à soie puisse être décidément envahi par des plantes cryptogames, il ne suffit pas qu'il se trouve sous l'influence directe de l'humidité ou de tout autre agent favorable à leur développement, il ne suffit pas qu'il soit couvert de sporules qui lui arrivent, on ne sait trop d'où, on ne sait trop comment, il faut absolument, avant tout, qu'il soit survenu chez lui un changement total dans sa constitution animale; il faut qu'il y ait déjà commencement de décomposition dans les molécules de son organisme vital, et commencement d'inertie réelle résultant d'une maladie qui le corrompt et le rend ainsi propre à la végétation ; ou bien, quoi qu'il arrive et qu'il advienne, le ver ne sera pas gagné par des parasites, qui ne peuvent en effet végéter qu'aux dépens de substances purement, essentiellement végétatives ou corrompues.

Quelles sont maintenant les circonstances, les conditions qui donnent naissance à cette maladie de désorganisation , de dissolution véritable, et qu'est-ce même que la muscardine? est-elle épidémique, et peut-elle bien nous arriver d'autres magnaneries infectées de ce fléau cruel? Mais non, dès que de fréquents exemples et d'exactes observations nous apprennent que l'on peut impunément introduire et laisser pendant longtemps dans ses chambrées, une ou plusieurs tables garnies de vers muscardinés, ainsi que je l'ai dit ailleurs.

Est-elle contagieuse? Mais non, puisque le célèbre Pommier et autres auteurs illustres ont mêlé des vers muscardinés à des vers bien portants, et qu'ils ne se sont jamais aperçus que ce contact eût produit de mauvais effets, comme je l'ai mentionné autre part.

Est-elle innée dans le ver à soie? On peut en douter jusqu'à preuve contraire, comme je l'ai déjà dit dans une autre occasion ; car s'il en était vraiment ainsi, il serait à craindre, il serait même probable que les vers à soie fussent, sans exception, généralement tous atteints de la muscardine, pendant une des périodes de leur existence, puisqu'il est constant que tout germe inné dans un animal quelconque, s'y développe tôt ou tard. Le germe inné de la petite vérole n'est arrêté chez l'homme que par l'effet du vaccin ; le germe inné de la grippe ne reste jamais latent ou se déclare un moment ou l'autre chez le chien, qui toutefois ne périt pas accidentellement d'autres causes, avant l'irruption plus ou moins précoce, plus ou moins tardive, ou plus ou moins active du germe, selon la constitution du sujet, suivant même le genre de l'alimentation qu'il reçoit, ce qui serait presque de nature à faire supposer que certains mets pourraient bien être les préservatifs de cette affection terrible, comme certain autre (la feuille du mûrier blanc), pourrait bien être aussi, à de certaines conditions, celui de la muscardine.

Mais qu'est-ce donc alors que cette muscardine si répandue, si elle n'est rien de tout cela ? d'où nous vient-elle enfin, et quels en sont les motifs, les préservatifs et les remèdes ? Ma foi, je cherche, et n'en sais pas jusqu'à présent grand'chose, pas plus que bien d'autres ; car c'est encore, ce me semble, un mystère pour tout le monde. Toutefois, je la crois une maladie incurable, dès qu'il est parfaitement établi qu'elle ne peut se manifester que chez des individus déjà frappés d'atonie, d'inertie, de décomposition animale, précurseurs infaillibles d'une mort inévitable. Il est, en conséquence, inutile de s'occuper de remèdes, il n'en existe pas en pareille occurrence ; il ne saurait, qui plus est, en exister contre une affection dont les racines devenant de plus en plus profondes et rongeantes, à mesure que la plante inoculée se développe de plus en plus, font aussitôt corps commun, corps intégrant avec les substances organiques du patient, et ne peuvent en être séparés par aucuns moyens. Mais, si je la crois matériellement, physiquement incurable, une fois qu'elle est apparente, prononcée et déclarée, je suis en revanche intimement persuadé qu'elle est susceptible d'être prévenue; je présume même que nous la prévenons peut-être en effet souvent, sans nous en douter, par un ou plusieurs des mille soins différents que nous sommes obligés de prodiguer sans cesse à nos élèves, si nous voulons qu'ils nous dédommagent amplement de nos peines ainsi que de nos dépenses.

Et il faut bien que quelque chose à peu près de semblable s'opère à notre insu, pour que de nombreux ateliers entourés de magnaneries où sévit si cruellement la muscardine, s'en trouvent naturellement sans cesse exemptés, sans savoir ni pourquoi ni comment; car a-t-on bien défini pourquoi elle apparaît dans toute sa force et vigueur, là où il n'y a pas d'humidité, comme là où il en existe beaucoup; là où l'air abonde par l'effet des cheminées d'appel ou de la ventilation forcée dont on fait tant de cas, surtout en pareille circonstance, comme là où il y a stagnation de l'air; là où les éducations sont parfaitement bien dirigées, comme là où elles sont totalement vicieuses? et comment il se fait en même temps qu'elle soit restée et qu'elle reste inconnue, ignorée, là où il y a considérablement d'humidité qui pourtant, dit-on, la produit, comme là où il se rencontre grande sécheresse; là où l'air manque, comme là où l'on respire avec le plus d'aisance, de facilité; et là enfin, où les éducations sont le complément de l'incurie et de la négligence, comme là où elles sont au contraire sévèrement assujetties à toutes les précautions, à tous les principes que l'art en progrès nous enseigne si bien? Evidemment non, parce que nous avons pris ici l'effet pour la cause, parce que nous n'avons pas recherché le vrai motif qui a disposé, qui a préparé à l'avance les tissus graisseux des vers à recevoir d'abord l'inoculation du parasite, à favoriser ensuite sa végétation jusqu'à parfaite absorption des matières qui les composent.

Aussi, nous n'avons rien inventé, rien prescrit qui puisse décidément prévenir la muscardine, et nous ne savons pas même expliquer pourquoi, du moins nous n'avons pas, ce me semble, expliqué pourquoi les plantes ou d'autres animaux également envahis par des champignons, ne sont pas, comme nos vers à soie, transformés, métamorphosés, de matière mollasse, en corps durs, une fois que leurs sucs végétaux ou leurs tissus graisseux ont été complétement dévorés, absorbés; car avons-nous jamais rencontré dans nos courses scientifiques, dans nos recherches géologiques ou dans nos habitudes domestiques, de semblables résultats opérés de semblable manière? Avons-nous jamais vu des êtres organisés, hormis les précieux insectes qui nous occupent, devenir tout à coup, par la même cause, des objets pour ainsi dire pétrifiés au dehors, vitrifiés au dedans, si ces expressions ou ces mots inconsidérément échappés peut-être à ma plume inhabile, s'appliquent à la circonstance, ou ne s'écartent pas trop de la véritable signification de l'effet produit sur les vers par la muscardine? Pour moi qui n'ai pas, il est vrai, vu beaucoup, qui n'ai pas appris davantage, et qui ne suis pas au courant de bien des choses existantes, j'avoue de bonne foi qu'il ne revient pas à ma mémoire, si l'on veut, très-infidèle, la souvenance de pareil phénomène, à moins que je ne me transporte par la pensée aux temps anciens, à ces temps où Persée, la tête de Méduse à la main, changeait en statues tous les ennemis dont il ne pouvait se défaire par le glaive. Ainsi, dit la fable, faisait jadis ce talisman terrible, cette impitoyable, cette étrange tête; elle pétrifiait, nonobstant tout obstacle, les individus qu'elle atteignait de son aspect, et se riait de leur vaine, de leur impuissante résistance. Ainsi fait aujourd'hui la muscardine tout aussi terrible, tout aussi étrange; elle pétrifie nos vers à soie et se joue de nos moyens de défense.

Et ce qui le prouve sans réplique, c'est son existence jusqu'à présent indestructible, car les éducateurs dont les chambrées sont fréquemment dévastées par elle, ont bien sans contredit essayé, en désespoir de cause, tout ce qui est indiqué contre, même ce qui est absurde comme ce qui ne l'est pas; et, dès qu'ils ne sont pas parvenus à s'en garantir, il est clair que les méthodes dont ils se servent pour s'exempter de son invasion, ne sont pas réellement efficaces, ne sont pas du tout celles de notre universel, de notre parfait modèle.

Que faire alors dans une semblable perplexité? Imiter simplement la nature qui n'a pas de vers muscardinés, par la raison peut-être, qu'elle donne à ses élèves la feuille telle qu'elle a été créée pour eux, par la raison peut-être aussi qu'elle les fait en même temps suer très-souvent et les humecte toujours après; car qui nous dit que tous ceux des nôtres qui restent sains en général au milieu d'infections voisines, ou qui se muscardinent autour de magnaneries salubres, ne rencontrent pas le préservatif ou le motif de cette inconcevable maladie dans la qualité de la feuille qu'ils mangent fraîche ou fanée, suivant qu'on la leur distribue en l'un ou l'autre de ces deux états? Qui nous dit que l'absence d'une ou de plusieurs des particules qui la composent essentiellement, et qu'elle perd à coup sûr dans nos magasins de dépôt, ne donne pas naissance au germe morbifique, et ne détermine pas chez eux le mal secret qui les ronge ensuite sous une autre forme, ou plutôt sous une autre nature? Qui nous dit qu'elle ne recèle pas dans sa constitution pleine et entière, des principes éminemment opposés à l'affection mystérieuse qui précède la muscardine et ne lui servent pas de spécifiques ou de préservatifs? Qui nous dit que, privée de ses molécules aqueuses, elle n'acquiert pas de nouvelles propriétés, et ne devient pas alors un coagulum puissant, un coagulum capable d'opérer cette espèce de congellation vitreuse ou gommeuse que l'on remarque sous l'enveloppe ou l'incrustation blanchâtre et friable des vers muscardinés? Qui sait si les sueurs copieuses et salutaires qu'ils éprouvent d'ordinaire dans des ateliers très-chauds, ne les délivrent pas continuellement des prédispositions naturelles, des tendances particulières qu'ils peuvent avoir à cette funeste maladie? Mais qui sait aussi, si leur brusque interruption inconsidérément occasionnée par un courant d'air frais et sec, n'opère pas en eux un trouble susceptible de causer la désorganisation complète de leur économie animale? Qui sait même si, par suite de ce fâcheux effet, la sueur subitement coagulée sur le corps des vers, ne s'y durcit pas au point de faire, par la qualité particulière de ses molécules constitutives, le sujet de l'incrustation qui a lieu, ou ne forme pas une couche d'éléments végétatifs, et ne fournit pas ainsi matière, aliment ou prise aux sporules? Et de là peut-être alors solidification de la couche ou développement spontané sur elle du botrytis, parce que de là peut-être aussi cette espèce de pétrification qui résulte de la nature du dépôt ou du botrytis, et qui prive en même temps le ver de toute sensibilité, de tout sentiment capable d'empêcher sur lui la consolidation d'un sédiment quelconque ou l'inoculation de plantes parasites, vivant ensuite de ses tissus devenus, par ce fait isolé, matière inerte, insensible, matière morte, et, par conséquent, matière propre à la végétation.

Quoi qu'il en soit, que nous importent les principes de la muscardine, pourvu que nous puissions, au reste, nous garantir de ses fâcheux résultats par une éducation rationnelle, par une éducation basée sur les règles positives, infaillibles de la prévoyante nature. C'est donc uniquement vers elles que doivent aboutir tous nos efforts, toute notre attention; car, en les observant rigoureusement, c'est-à-dire en donnant à nos insectes des feuilles récemment cueillies, en provoquant chez eux des sudations abondantes, en les soumettant après à de fréquentes lotions d'eau fraîche, je pense que nous pouvons être positivement assurés de nous trouver toujours à l'abri des ravages et des dégâts terribles de ce fléau destructeur, incompréhensible dans ses effets comme dans ses causes : et c'est là tout ce qu'il nous faut; car prévenir le mal est encore mieux que de le guérir, nous a-t-on dit fort souvent. Eh bien ! que ne mettons-nous alors en pratique les prescriptions ci-dessus énoncées, dès qu'il est à peu près certain que nous pouvons, au moyen de leur emploi, préserver nos ateliers de la maladie cruelle qui les dévaste sous le nom de muscardine, qu'elle soit occasionnée ou par une distribution journalière de feuilles dépouillées de partie de leurs principes, ou qu'elle dérive de la solidification de sueurs intempestivement supprimées, ou qu'elle soit engendrée par l'implantation réelle de champignons survenus, n'importe d'où, n'importe comment?

En effet, provient-elle de l'absence de certaines particules dont la feuille aurait été privée par une cueillette anticipée, elle ne pourra dès lors surgir dans une magnanerie où l'éducateur ne servirait à ses élèves que des feuilles nouvellement ramassées. Est-elle due à la coagulation, et par suite au durcissement des sueurs subitement interrompues sur les vers à soie, ou bien à la végétation de plantes inoculées sur eux, les lavages, en nettoyant la peau de ces insectes, enlèveront nécessairement, dans l'un comme dans l'autre cas, soit la crasse qui pourrait y être naturellement produite, soit les sporules qui pourraient au contraire s'y trouver placés par hasard ; et là où ne se rencontre pas de sédiment déposé, il n'y a pas d'incrustation possible, comme il ne peut pas survenir de développement de plantes cryptogames là où il n'existe pas de fructification de ces plantes.

En conséquence, je le répète une fois pour toutes, nourrissons nos vers avec de la feuille fraîche ou mouillée, lavons-les souvent, et nous ne les verrons jamais atteints de la muscardine; parce que ce mal qui peut résulter d'une alimentation imparfaite, comme il peut émaner d'un enduit extérieur ou d'une poussière végétative disséminée sur leur peau, ne pourra, de quelque cause, de quelque côté qu'il arrive, les attaquer, les surprendre, ne pourra non plus se former, s'établir sur eux, si d'une part ils reçoivent une alimentation complète, ou rendue complète par une addition de l'eau qui s'est évaporée dans nos magasins, et si d'autre part des lavages opportuns leur nettoient bien tout le corps avant que l'enduit extérieur puisse y faire croûte solide, avant que la poussière végétative puisse y prendre racine.

Voilà donc cette redoutable muscardine, non pas détruite, c'est impossible, je l'ai déjà dit, mais, ce qui vaut mieux, arrêtée à sa source ou détruite dans son principe, grâce à la feuille fraîche ou mouillée, ou grâce aux lavages qui néanmoins ont été comme elle l'occasion d'amères critiques, sur lesquelles je ne reviendrai pas. Nous voilà donc désormais à l'abri de cette maladie dont les effets sont si désastreux, si multipliés, que certaines sociétés savantes, toutes dignes d'éloges, s'en sont émues, ont voté des récompenses à quiconque parviendrait à les neutraliser complétement, mesure philanthropique dont l'idée seule jette le plus grand éclat sur ses bienveillants auteurs, et résultats immenses que nous ne pouvons réellement obtenir qu'en conservant ou reconstituant les propriétés naturelles d'une alimentation douée peut-être en cet état de qualités préservatrices, ou qu'en écartant, qu'en expulsant les motifs du mal.

A ce compte alors il ne serait plus question de muscardine dans les magnaneries où seraient ponctuellement exécutées les prescriptions ci-dessus énoncées? Certes non, si, comme il peut se faire, la coagulation du ver résulte d'un coagulum quelconque, ou si, comme c'est la croyance générale, comme c'est l'opinion précise des principaux auteurs, le développement de champignons sur les vers est ce qui détermine véritablement cette affection singulière; car, dans le premier cas, la feuille fraîche ou mouillée sera l'alimentation qui, par les vertus dissolvantes qu'elle possède, pourra s'opposer à cette coagulation que je suppose pouvoir être occasionnée par le coagulum supputé; car, dans le second cas, les lavages seront les moyens qui délivreront les vers à soie des sporules, origine positive, dit-on, de la muscardine. Ainsi, dans le premier cas, j'ôte, en empêchant la cause de se produire, la possibilité de la conséquence; ainsi, dans le second cas, je détruis la cause avant qu'elle naisse; et dans tous les cas, on le sait, point d'effets s'il n'y a pas de causes; or ici, pas de muscardine, je le répète, où les principes, où les motifs de sa création sont annihilés, sont anéantis d'avance.

Au surplus, nous éviterons, en outre, par l'usage de la méthode naturelle que j'indique, tous les désastres de tant d'autres maladies non moins dévastatrices que la muscardine, quoique moins redoutées, et nous conduirons enfin nos intéressants élèves, pleins de vigueur, de soie, de santé, à la montée au bois, terme de nos fatigues, but de nos désirs, précieux asile où dernier refuge de notre espérance qui s'effectue en silence sous nos yeux émerveillés, tout aussi belle que nous l'avions rêvée peut-être, et telle que nous l'avons préparée par une bonne graine d'abord, par une bonne éducation ensuite, en définitive, par un encabanage commode, propice, et posé en temps opportun, à l'effet d'éviter beaucoup de pertes au moment que tout est accompli pour recevoir, après bien des craintes, la juste récompense de tous nos soins, de toutes nos tribulations, de tous nos travaux, de tous nos frais et soucis; car les vers, prêts à filer, réclament spécialement encore de notre part des attentions intelligentes et minutieuses, une surveillance continuelle, une grande activité, une prompte organisation de matériaux délicats dont l'ensemble, habilement établi, doit représenter des constructions légères et bien aérées, où, sans entraves et sans pertes de soie et d'individus, ils puissent commodément exécuter à temps l'admirable, la dernière opération que nous attendons avec tant d'impatience de leur précieuse, de leur première destination.

En effet, si, d'une part, ces constructions, auxquelles nous n'apportons jamais assez de soins, ne sont pas faites de manière à permettre la libre circulation de l'air, nos élèves éprouveront sans contredit de la gêne, de l'embarras dans les fonctions importantes de la respiration, et périront ou s'affaibliront considérablement au milieu de l'intéressant travail, qui sera par conséquent de nulle ou de peu de valeur; et si, d'autre part, ces constructions ne sont pas à temps ou commodément confectionnées, il en arrivera nécessairement que beaucoup de vers ne trouvant pas de sites favorables pour poser les premières bases de l'asile qu'ils se bâtissent avec tant d'instinct et d'adresse, et que nous démolissons ensuite avec tant d'intelligence et de dextérité, vomiront insensiblement çà et là une partie ou la totalité de leur soie, et ne feront en conséquence que d'imparfaits cocons ou n'en feront pas du tout.

Il est donc fort essentiel de nous occuper sérieusement de cette dernière période de leur existence, parce que d'elle dépend presque tout le résultat des autres, parce que des moyens que nous fournirons plus ou moins propices aux vers pour filer leur soie, dérivent plus ou moins de produits pour nous.

Il faut alors s'attacher à préparer à l'avance des cabanes ou palissades que l'on puisse placer promptement sans déranger les vers, et d'où il soit facile de retirer les cocons; il faut qu'elles offrent de plus tous les avantages et ne présentent aucuns des inconvénients que je viens de signaler; il faut enfin qu'elles soient en outre susceptibles de resservir tous les ans, sans qu'il devienne nécessaire de prendre d'autres précautions ou mesures que celle de les passer superficiellement au feu pour les purifier et les débarrasser de la bourre de soie, dont les brins éparpillés de tous côtés pourraient gêner les vers de l'année suivante.

Tels, je crois, devraient être, à peu près, les encabanages que nous destinons à nos vers, pour avoir au moins
quelque analogie avec ceux de la nature, et tel sera, j'espère, celui que j'ai promis, celui dont je vais faire la description en peu de mots, pour abréger, autant que possible,
l'ennui de me lire.

A de légers panneaux d'une longueur presque égale à la
largeur de nos claies, et de la largeur de 12 centimètres
environ, doivent être pratiqués sur quatre lignes parallèles
de petits trous séparés les uns des autres par un intervalle
de 3 centimètres; des baguettes de mûrier blanc ou de tout
autre bois analogue, y seront collés par leur extrémité la
plus mince, de manière à ce que les scions dont elles sont
naturellement armées çà et là, et dont la longueur ne devra
pas dépasser 20 millimètres, soient dirigés de bas en haut
pour que les vers puissent s'y reposer, s'y soutenir, y fixer
l'entourage de leur merveilleux, de leur magnifique, de
leur inimitable ouvrage.

Les choses ainsi disposées, il sera loisible alors à l'éducateur d'attendre, sans inquiétude et sans crainte, l'instant
réellement opportun de placer aux distances habituelles ces
espèces de claires-voies préparées à l'avance; car il ne s'agira
pour cela que de les introduire séparément entre les rayons,
et de les suspendre sous le supérieur de chaque étage, au
moyen de crochets ou chevilles fixés aux bouts desdits panneaux, et correspondant à de petites boucles adaptées au-
dessous des claies.

Cette opération terminée, ou seulement bien comprise,
il est clair qu'expéditive et simple, elle ne peut pas être
suivie des inconvénients qu'entraîne toujours avec elle l'apposition lente des encabanages ordinaires, il est manifeste
qu'elle n'exige aucun embarras, aucun travail, au moment
de nos grandes peines; il est évident qu'elle a pu ou qu'elle
peut être aisément exécutée sans toucher aux vers, puisque
l'extrémité inférieure et libre des baguettes ci-dessus men-

tionnées, ne va pas aboutir tout à fait aux litières. Il est même essentiel que les baguettes des deux rangs intérieurs soient les seules qui se prolongent assez de haut en bas, pour que nos insectes prêts à monter, ne puissent atteindre qu'elles, ne puissent commencer leur ascension qu'au milieu de leur bois, où de toutes parts se rencontrent des situations propres à l'établissement de la coque soyeuse qu'ils se trament avec une habileté, une perfectibilité, qui surpassent, à coup sûr, toutes les ressources de nos beaux-arts, toutes celles de nos hautes sciences, toute l'étendue même de notre vaste génie, de notre brillante imagination, tant est positif l'instinct de l'animal, tant est superficiel l'esprit de l'homme.

Ainsi, par le fait de cet encabanage clair et commode, tous nos insectes, trouvant partout des places propices pour la pose de leur ouvrage, ne se fatigueraient pas inutilement à en chercher d'autres ailleurs, et feraient par conséquent de meilleurs cocons. Par suite aussi de cette disposition favorable, ils continueraient à recevoir le même air qu'ils recevaient auparavant, et ne courraient pas alors le danger d'être asphyxiés avant même de se mettre à l'œuvre.

Il résulterait ensuite de cet encabanage perpendiculaire, que les vers retardataires et les feuilles qu'on leur donne ne pourraient pas être, comme je l'ai dit ailleurs, salis par les déjections puantes, corrosives, pernicieuses des premiers montés, et que les espaces réservés aux vers retardataires, seraient plus aérés, plus faciles à desservir, n'ayant pas perdu de leur élévation par des encabanages recourbés, où du reste il se fait force cocons doubles, où il se pend, où il périt beaucoup de vers, d'où il en tombe bon nombre d'autres, la plupart du temps, si fatigués qu'ils ne peuvent plus remonter : tandis que, d'après la méthode que je propose, peu de doublons à redouter dans les masses, très-peu de chutes, et pas de pendaison de vers à subir, avantages qu'on ne peut pas apprécier au juste, mais qui seraient immenses sans doute, et qu'il est important d'obtenir.

Il résulterait encore de cet encabanage que ceux de nos insectes qui, par fausse direction ou toute autre cause, gagnent et suivent les bords des claies, finiraient par rencontrer, de quelque côté qu'ils fussent, l'extrémité inférieure de nos baguettes extérieures, légèrement inclinées en dehors de haut en bas, à l'effet d'avancer autant que les parties latérales des rayons, grimperaient après elles, et se trouveraient naturellement de suite en position de commencer leur intéressant travail.

Les litières en seraient même plus sèches et plus saines, n'étant pas continuellement arrosées par les vers qui se trouvent dans ces espèces d'arceaux ou de voûtes au moment qu'ils se vident; elles pourraient être de plus très-facilement enlevées, et le décoconage nécessairement fait avec promptitude aurait en outre l'agrément de la propreté.

Voilà bien, à peu de choses près, tout ce que j'avais à dire sur l'encabanage particulier de nos précieux insectes et sur les bases élémentaires ou générales de nos éducations séricicoles. Extraites du sein de la nature, et par conséquent simples, positives comme elle, ces maximes exactement observées, ponctuellement exécutées, nous mèneront infailliblement à de bons résultats; mais pour parvenir à ce but désirable, à ce but que nous recherchons tous avec tant d'empressement et de zèle, je le répète, en me résumant une seconde fois, nous n'avons pas deux chemins à suivre : un seul nous y conduit parfaitement, et le premier pas que nous y faisons enlève ou fournit à tous les autres les moyens de le parcourir triomphalement en entier. En effet, dans toute pérégrination, l'arrivée dépend du départ, et le début fait le sort de toutes les entreprises, de toutes les opérations; des causes naissent les effets, les effets produisent les conséquences, les conséquences entraînent les convictions, et sur les convictions s'assoient les opinions :

tout se ressent de son origine, qui se ressent elle-même de la sienne et des soins spéciaux qu'elle a reçus; le vice engendre le vice, et la santé, qui prend et transmet sa source à la santé, qui la fait à son tour passer plus bas telle qu'elle lui est venue de plus haut, devient aussi le résultat d'un entourage sanitaire, et se trouve naturellement maintenue dans d'excellentes conditions par l'application constante de principes appropriés à la constitution de tout individu qui la possède.

Bien pénétrés de cette règle générale, commençons alors nos éducations de vers à soie avec dé la bonne graine pour point de départ; ensuite, pendant le cours de ces charmants voyages, chaque fois entrepris sous les auspices de la flatteuse espérance et du contentement, dans le précieux domaine, dans les régions fertiles de l'industrie séricicole, donnons à nos intéressants passagers tous les soins qu'ils méritent, et dont ils ont tant de besoin; entretenons dans l'appartement où nous les plaçons une propreté minutieuse, un air toujours pur, une température alternativement ou simultanément chaude et fraîche, à l'effet de favoriser séparément ou en même temps toutes leurs sécrétions, toutes leurs fonctions animales; n'épargnons, ne négligeons rien pour eux, soyons tout à eux, car le salaire suivra de près le service, si nous leur avons surtout, à la fin de nos peines, au moment de l'arrivée au port, terme de tous nos désirs, préparé des sites convenables où ils puissent se débarrasser, sans trop de perte pour nous, de la riche matière qu'ils ont recueillie, chemin faisant, dans une subsistance naturelle, dans une alimentation qui n'a pas reçu d'altération par le fait de l'homme.

De tels motifs me semblent déterminants sans de plus amples observations; et je termine en conséquence ces considérations générales, par une dernière réflexion qui ne me paraît pas dénuée de toute importance, attendu que d'elle aussi dépend en partie l'avenir de nos éducations domestiques.

Nous savons tous que les animaux implantés dans un pays qui n'est pas à peu près semblable, sous le rapport du climat et des habitudes, à celui dont ils sont originaires, souffrent beaucoup de ce changement, dépérissent à vue d'œil, font des produits plus chétifs qu'eux, et qui se régénèrent plus mal encore. Nous savons tous aussi que, pour arrêter les progrès rapides de cette dégénérescence naturelle, ce que nous avons de mieux à faire est d'en revenir le plus souvent possible aux espèces primitives, ou tout au moins de puiser nos moyens de reproduction dans des lieux plus favorables à la conservation, au maintien des races que ceux où nous nous trouvons placés par les circonstances.

Néanmoins, soit insouciance de notre part, soit négligence ou tout autre chose, nous ne pratiquons pas tous, à l'égard de l'intéressante espèce qui nous occupe, ce que nous savons tous pourtant si bien sur ce point essentiel.

Que nous en coûterait-il, cependant, de nous procurer tous les ans, dans une contrée plus séricicole que celle que nous habitons, quelques grammes d'œufs de vers à soie, pour en faire une petite éducation particulièrement traitée, et dont les résultats, à coup sûr satisfaisants, nous fourniraient, à la saison prochaine, la graine de notre éducation principale? De cette manière, nous n'aurions au moins à éprouver, à essuyer que la dégénérescence d'une seule reproduction opérée dans une région peu sérigène, d'où s'ensuivraient probablement pour nous de bons effets, suites ordinaires de bonnes causes, car il est reconnu que de petites éducations faites séparément avec soin dans un local spacieux et parfaitement aéré, réussissent toujours à merveille. En conséquence, celle que nous ferions chaque année dans de pareilles conditions pour le renouvellement de notre graine, nous donnerait pour derniers résultats des vers robustes et bien portants : à de semblables vers succéderaient sans contredit de vigoureux papillons, et de tels papillons à leur tour ne pourraient nécessairement engendrer que de la bonne graine, si surtout ayant pu, sans fatigues et sans gêne, s'échapper de leur cocon par une ouverture que nous aurions à l'avance, et à cet effet pratiquée nous-mêmes, ainsi que je l'ai déjà recommandé, ils étaient ensuite laissés libres de se livrer, sous l'impression stimulante d'une vive et belle lumière, à un accouplement facultatif.

Mais encore un coup, est-il d'abord réellement avantageux que nous fassions nous-mêmes le passage ou l'issue de nos papillons, lorsque rien ne paraît l'indiquer spécialement dans la nature? Itérativement oui, car le travail pénible que cette opération si simple leur évite répond seul derechef et péremptoirement à toute réflexion qui tendrait à combattre la méthode spécieuse que j'ai cru devoir réitérer, et je m'en réfère pleinement, en conséquence, à ce que j'ai déjà dit sur ce point important.

Est-il ensuite prouvé, est-il même possible que la lumière produise sur nos papillons de nuit ou phalènes un surcroît de vitalité et de puissance génératrice? Itérativement oui; car sans énumérer, sans invoquer de nouveaux faits à l'appui de mon assertion, sans ajouter même de nouvelles observations à celles si décisives que j'ai mentionnées plus haut, l'intention de Dieu est assez manifeste à cet égard, ainsi que je crois l'avoir suffisamment établi, en portant l'attention du lecteur sur l'instant précis que ces insectes sortent tous de leur cocon, et devant cette disposition formelle du Créateur, les idées éphémères, les plans irrésolus, les systèmes douteux de la créature s'effacent complétement, et doivent s'évanouir comme une ombre passagère, pour ne plus se reproduire.

Enfin l'accouplement facultatif, celui qu'une prévoyance infaillible et suprême a généralement déterminé sans doute sur la constitution physique de chaque individu, et pour les motifs secrets qu'elle seule a pu connaître, est-il vraiment opportun, ainsi que je l'ai prétendu, ou donc est-il intempestif, comme le prétendent tous les auteurs, et faudra-t-il lui préférer celui que les documents de l'homme ont limité à la suite d'expériences qui ne s'accordent pas même entre elles?

En perspective comme en fait, un accouplement accidentellement interrompu, et qui ne serait plus repris, est à mon avis une œuvre incomplète.

En théorie, un accouplement exempt de trouble, et qui aurait son cours ou sa durée d'attribution individuelle me paraît au contraire une action évidemment rationnelle, une action consommée selon le but, selon les lois de nature.

En pratique, il sera toujours un acte constamment suivi d'heureux effets, si je ne me suis pas trompé dans quelques remarques générales que j'ai faites à cet égard, et chaque fois que j'ai pu m'occuper de la confection de ma graine de vers à soie, ainsi que de ses résultats, ou si même les réflexions subséquentes, réconfortées de celles que j'ai déjà soumises à l'intelligence de mes lecteurs, ne se trouvent pas absolument erronées.

Un papillon mâle peut, après un accouplement de six à dix heures, tel qu'il est à peu près fixé par la science de l'époque, féconder un second papillon femelle, preuve qu'il lui restait encore de la vigueur et de la matière fécondante, preuve aussi sans doute qu'à la femelle que nous avons pourtant craint d'épuiser par un accouplement trop long, et que nous avons cru suffisamment fécondée par un accouplement terminé au gré de notre capricieuse imagination, il restait encore de la résistance pour supporter plus de débats amoureux que nous n'avons osé lui en permettre, et de la graine à féconder davantage ou qui n'avait pas entièrement reçu sa part attributive de fécondation ; car tout est relatif dans la nature, tout y est admirablement bien proportionné ; un ensemble parfait, une harmonie miraculeuse s'y donnent partout la main ; les forces y sont calculées sur les résistances, et les moyens y sont mesurés sur les fonctions, ou mieux , les ressources effectives y sont pesées sur les besoins réels. Donc le papillon mâle n'a pas plus de force à faire agir que la femelle ne peut en supporter ou ne peut opposer de résistance ; donc aussi le papillon femelle a besoin réel de toutes les ressources effectives du mâle, sinon la Providence n'eût pas été juste dans ses faveurs , dans ses prodigalités , dans ses distributions de plaisirs et de labeurs, ce qui ne peut raisonnablement s'admettre à l'aspect de l'ordre phénoménal qui se rencontre sur tous les points à la fois ; or, dans les deux preuves que je viens d'établir, existe celle de notre incurie , de notre inconséquence, que nous fassions ensuite ou non fournir au mâle une nouvelle carrière amoureuse.

Dans la première hypothèse, nous divisons ses moyens de reproduction ; dans la seconde , nous en sacrifions une partie : il ne peut pas y avoir là de sujet de contradiction , et dans l'un comme dans l'autre cas , il n'arrive pas au papillon femelle tout ce qui part ou pouvait partir du papillon mâle.

Eh bien ! il surgit ici dans ma pensée, comme deux points vagues, confus d'abord pour n'en faire bientôt plus qu'un fort clair , la perspective ou l'apparence d'une difficulté qui peut se résoudre facilement par le raisonnement et par les faits. Cette difficulté semble se compliquer de deux questions fort simples , et ces deux questions à leur tour vont se résumer en définitive dans une seule et même conclusion , car la solution de l'une se trouve exactement dans celle de l'autre , n'importe ce qu'elle soit.

Les facultés prolifiques de notre papillon mâle sont-elles assez puissantes, pour que, divisées , elles puissent produire sur la graine de notre papillon femelle des résultats satisfaisants, avantageux, suffisants , complets, tels enfin qu'ils ont été sans doute prévus, c'est-à-dire tels qu'il n'y ait pas là de mieux possible ? Première question née du premier point de la difficulté présente. Eh bien ! pour qu'il en fût ainsi, il faudrait que la liqueur séminale de cet insecte particulier eût été créée particulièrement capable d'opérer de pareils effets, attendu qu'elle ne se renouvelle pas, qu'elle ne peut pas se régénérer à chaque instant chez lui comme chez d'autres individus, qui reçoivent continuellement les éléments d'une semblable rénovation.

Maintenant, pour atteindre à leur vrai degré, à leur degré naturel de perfection, les œufs de notre papillon femelle ont-ils assez du quart, du tiers, de la moitié de cette liqueur? leur en faut-il davantage ou la leur faut-il toute? Telle est sur le second point de la difficulté dont s'agit, la deuxième question, et voilà le plus laconiquement que je le puis, ma réponse aux deux questions à la fois.

Si je raisonne, si je réfléchis sur les probabilités de la nature, et même sur ses intentions qui ne sont pas toutes enveloppées de mystères impénétrables, je me figure que plus il sera versé de matière fécondante sur une matière à féconder, et plus il y aura, ce me semble, en elle de motifs de fécondation. Si je vais plus loin, et que je fasse des essais comparatifs avec de la matière fécondée plus ou moins long-temps, ou qui a reçu plus ou moins de matière fécondante, j'acquiers l'assurance que ses qualités se sont de plus en plus améliorées, à mesure que les motifs de sa fécondation se sont de plus en plus prolongés, ou ont été de plus en plus augmentés.

Le raisonnement est donc ici d'accord avec les faits, et le raisonnement comme les faits se trouvant dans les attributions et à la portée de l'homme, il est évident qu'il peut se convaincre aisément par eux que le papillon mâle ne doit pas avoir, et n'a pas en effet plus de ressources prolifiques qu'il n'en faut réellement aux œufs du papillon femelle pour être parfaitement fécondés, pour être aussi bons que possible; il est donc clair que la difficulté soulevée disparaît avec ses faux alentours comme une ombre qu'elle était; il est positif alors que le désaccouplement effectué de nos mains aidées de notre esprit, est une véritable anomalie dont les suites fâcheuses retombent après sur nous, par la raison toute simple que nous opérons avec de la graine qui n'est pas fécondée suivant l'instinct des insectes accouplés, et selon le but, selon la disposition de la puissance qui a créé l'instinct exempt de fautes et les espèces affranchies de toute inutilité, de toute surabondance ou superfluité.

Il est même naturel de penser qu'il serait plus rationnel de donner, après un accouplement limité, un second papillon mâle au papillon femelle, que de livrer une seconde femelle au mâle qui vient de participer aux conséquences d'un autre accouplement; car s'il est vrai, et cela n'est pas douteux, que la graine de vers à soie ait besoin d'une bonne et parfaite fécondation pour être à son tour bonne et parfaite, il est certain qu'elle serait bien mieux fécondée par l'œuvre de deux papillons mâles que par celle d'un seul. La conséquence paraît juste, et d'après elle tout éducateur qui soumet, en cas de besoin, quelques-uns de ses papillons mâles à deux épreuves génératives, fait précisément l'opposé de ce qu'il doit faire. Avis au lecteur qui divise ainsi la matière fécondante des insectes qu'il a destinés à la reproduction; avis également au lecteur qui en laisse perdre une partie; l'un et l'autre ont adopté là, selon toute apparence, du moins selon mes idées, selon mes remarques, un système bien étrange.

Au surplus, pour en démontrer plus évidemment toute la bizarrerie, j'étudie, sous un point de vue auquel il n'a pas encore été touché, l'intéressante question que je viens d'effleurer, et je m'empresserai de soumettre aux sériciculteurs le fruit de mes nouvelles recherches dans une seconde édition de ce petit opuscule, si toutefois les circonstances me donnent occasion de la faire, me permettent de la publier, si toutefois surtout les résultats de mes essais commencés répondent pleinement à mes espérances.

En attendant que des améliorations à notre art déjà si

perfectionné, arrivent ou n'arrivent pas par cette voie qui n'est encore qu'à l'étude, admettons pour bonne la graine de nos papillons abandonnés à leur instinct, à leur état de nature, et supposons-la même très-bien conservée au moyen de la méthode plus avant indiquée. Dirigeons ensuite sous elle, pendant tout le temps de son incubation, de la vapeur humide et chaude, pour en ramollir d'abord la coque, à l'instar de la précieuse rosée qui l'attendrit effectivement, pour diminuer, en conséquence, les peines des jeunes et faibles larves qui ont à la percer, pour imiter enfin, ainsi que je l'ai dit autre part, la chaleur humide de l'oiseau qui couve ses œufs.

Ne marchons après au dénoûment de notre opération qu'avec ceux de nos élèves qui traversent rapidement chaque période de leur existence, et qui sont en effet les seuls dont il faille espérer des produits satisfaisants; car tout sujet qui ne peut, avec les mêmes conditions de développement et de prospérité, suivre de très-près ceux de son âge ou de son temps, est, à coup sûr, souffreteux, maladif, incapable alors de nous dédommager des fatigues, des dépenses qu'il nous occasionnerait durant sa languissante vie, et par conséquent il doit être comme tel sacrifié de suite, sans égards, sans regrets, sauf à nous à mettre à l'éclosion, en remplacement de cette perte qui n'est au surplus que prévue ou anticipée, un peu plus de graine que ne le comporterait réellement notre feuille, si nous n'avions pas pris d'avance la sage et ferme résolution de nous débarrasser bien vite à mesure de ces vers arriérés et débiles, de ces vers mous et paresseux, de ces vers, en un mot, nés ou mis hors d'état de pouvoir achever convenablement leur tâche.

La mienne ne sera-t-elle pas tout aussi mal terminée que l'eût été la leur, après avoir été tout aussi mal commencée, tout aussi mal remplie? Je l'appréhende, hélas! de toute mon âme, et je n'ai d'ailleurs jamais cru, jamais pensé autrement; toutefois, l'espérance m'a conduit jusqu'à sa fin, car il me semble qu'un grand signal est donné ; c'est l'élite de nos insectes qui ne peut plus se contenir à son poste et dans ses limites ; ses nouvelles destinées l'emportent plus haut qu'elle n'était placée, le départ se succède rapidement, s'effectue pêle-mêle de toutes parts, ses rangs s'éclaircissent à vue d'œil ; elle monte vigoureusement à l'assaut, et nous voyons en un instant les échelles que nous avons dressées, devenir, comme par enchantement, d'élégants pilastres tapissés de franges damassées, des colonnades couronnées, entrelacées de glands argentés et dorés. O surprise étonnante, quoique vivement, impatiemment attendue par nous ! ô merveille inconcevable, quoiqu'elle se soit, à nos yeux stupéfaits, reproduite bien d'autres fois ! Oh ! considérons-la bien encore, ne nous lassons pas de voir, elle ne se renouvellera peut-être plus pour quelques-uns de nous, et d'ailleurs elle ne nous est pas tout à fait étrangère ; nous en avons d'abord préparé, suivi les causes ou les voies avec un entraînement qui ne peut se décrire ni se bien comprendre ; nous avons admiré plus tard avec plaisir et satisfaction l'adresse, l'instinct, l'activité, l'animation des artistes précieux qui l'ont créée si somptueuse et si splendide au milieu des tristes et chétives cabanes que nous avons posées. Contemplons-en maintenant avec ivresse, avec extase, toutes les beautés, tout l'éclat, toute la valeur, jusqu'à ce qu'il faille, pour en jouir sans perte, l'abolir de fond en comble. Mais toutefois ne portons, sur ce travail miraculeux et plein de richesses matérielles et d'intérêt moral, la main vigilante de l'intérêt privé, qu'après avoir à la Providence adressé le regard sincère et pathétique de la reconnaissance : alors prenons avec passion, avec délice, avec enthousiasme, c'est notre droit, c'est notre bien, c'est un peu notre œuvre ; car nous avons, vers ce but particulier d'une prospérité spéciale, conduit avec ardeur et persévérance, avec art et bonheur, une spéculation mêlée de craintes et de soucis, entourée de difficultés sans nombre et remplie d'écueils de tous genres ; nous en avons essuyé toutes les fatigues, tous les désagréments, nous en avons éprouvé mille émotions diverses, nous en avons béni l'heureuse fin, et tout est accompli.

Il ne me reste donc plus qu'à témoigner ici le regret bien vif de n'avoir pas su mieux que cela développer toutes mes idées, exprimer tout le fond de mes pensées ; mais elles sont faciles à comprendre, et pourront bien ne pas être complétement dépourvues d'utilité, d'autant mieux que comme toutes choses, elles sont susceptibles d'être améliorées ; et qu'en outre si, tout bien examiné, elles n'ont pas toute la portée désirable, elles auront du moins établi par des comparaisons, par des rapprochements de faits plus forts que les arguments qui ne manquent nulle part, que les théories raisonnées de l'homme ne sont souvent que des dissertations scientifiques pleines d'erreurs ; qu'une longue pratique n'est quelquefois qu'une routine remplie d'abus ; que l'esprit ne mène pas toujours à la réalité qu'il recherche ; que l'instinct est infaillible sans efforts, et que la nature est un excellent guide, un modèle sûr.

Maintenant, que l'on trouve des difficultés plus ou moins plausibles, plus ou moins matérielles à mes principes, que l'on oppose des inconvénients plus ou moins radicaux, plus ou moins spécieux à mes méthodes, je reconnais que toute désapprobation sera vraisemblablement bien fondée ; car il n'y a rien de parfait dans les dispositions, dans les propositions humaines ; que la critique aussi vienne avec tout son fiel et toute son amertume, me déchirer, m'ulcérer le cœur, j'avoue de même qu'il n'y aura non plus, sans doute, rien d'injuste et d'immérité dans son jugement, si sévère qu'il soit ; car le travail que je présente est bien incomplet, et n'est certes pas exempt de blâme. Mais, au milieu des imperfections qu'il renferme, si l'on y rencontre quelques préceptes, quelques indications utiles, j'aurai presque atteint le but que je m'étais proposé, et je pourrai, en faveur de pareille considération, me consoler de ces tribulations trop souvent, hélas! les compagnes inséparables de l'homme bien intentionné ; de l'homme qui fuit le vice, et la bassesse, et l'intrigue, et la corruption du siècle; de l'homme qui tout à son pays désapprouve hautement les scènes de turpitude et d'opprobre qui s'y passent journellement parmi certaines classes de la société ; de l'homme aussi qui tout à ses principes, tout à son devoir et tout à son Dieu, a su fièrement conserver toute son indépendance, tout son honneur, tous les sentiments de sa foi, au milieu comme à la suite d'indignes vexations, d'amères injustices, d'accablantes vicissitudes ; de l'homme enfin qui, tout repentant de ses fautes et tout préoccupé de leur rachat, cherche humblement à descendre dans la tombe l'âme nette, la conscience pure, et l'oubli des injures qu'il a reçues, ou des torts qui lui ont été faits, buriné depuis longtemps sur les replis de son cœur froissé et pourtant inoffensif, aimant, sensible aux calamités, aux peines d'autrui.

FIN.

TABLE

DES MATIÈRES.

FIN DE LA TABLE.

Clermont, Imprimerie de Thibaud-Landriot frères.